青少年 科普图书馆

世界科普巨匠经典译丛·第一辑

INTERESTING PHYSICS EXPERIMENT

趣味物理实验

（苏）别莱利曼（苏）格尔申宗／著　刘丙海／译

上海科学普及出版社

图书在版编目（CIP）数据

趣味物理实验 /（苏）别莱利曼，（苏）格尔申宗著；刘丙海译．—上海：上海科学普及出版社，2013.10（2022.6 重印）

（世界科普巨匠经典译丛・第一辑）

ISBN 978-7-5427-5830-9

Ⅰ．①趣… Ⅱ．①别… ②格… ③刘… Ⅲ．①物理学－实验－普及读物 Ⅳ．① O4-33

中国版本图书馆 CIP 数据核字 (2013) 第 173925 号

责任编辑：李 蕾

世界科普巨匠经典译丛・第一辑

趣味物理实验

（苏）别莱利曼 （苏）格尔申宗 著 刘丙海 译

上海科学普及出版社出版发行

（上海中山北路 832 号 邮编 200070）

http://www.pspsh.com

各地新华书店经销 三河市华晨印务有限公司印刷

开本 787×1092 1/12 印张 18 字数 213 000

2013 年 10 月第 1 版 2022 年 6 月第 3 次印刷

ISBN 978-7-5427-5830-9 定价：36.80 元

目录

CONTENTS

第 1 章 致青年物理学家

第 2 章 和报纸有关的实验

第 3 章 72 个物理问题和实验

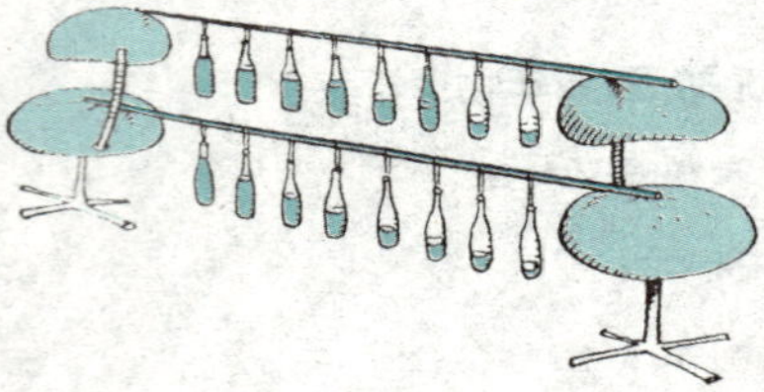

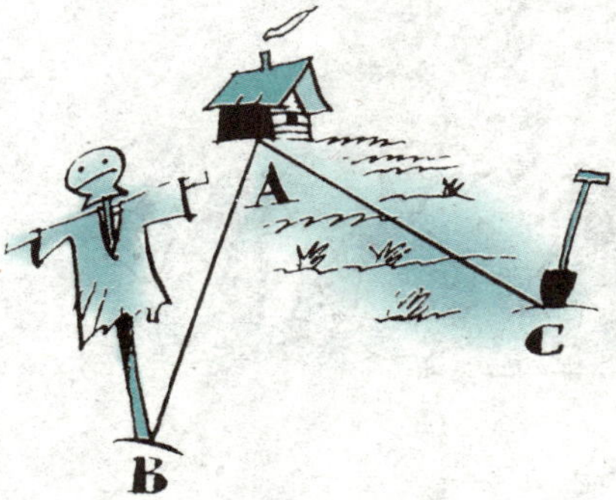

第 4 章 视觉的错觉

第 5 章 动脑筋博士

第1章

致青年物理学家

1.1 把鸡蛋竖起来

哥伦布是意大利的航海家，他有着令人惊叹的成就，举世闻名。记得曾经有个小学生这样评论道："哥伦布是个伟人，他不但发现了美洲，还竖起了一个鸡蛋。"对于这个年幼的孩子来说，哥伦布充满了神奇的力量，举止间便完成了两项无法让人超越的成就。可是，美国最具影响力的幽默作家马克·吐温却不这样认为，在他看来，哥伦布发现新大陆真的一点都不值得大惊小怪，如果他没发现才奇怪了呢。

在大家眼中，很多时候，不懂的事情往往披着一层面纱，神秘高深，而对于那些理解了其中奥妙的人来说，这一切便宛若清淡的湖水，一眼望到了底，看穿了心。所以，人们不会觉得这位伟大航海家的第二项成就有什么了不起。你知道哥伦布是如何将鸡蛋竖起来的吗？他只是敲破了蛋壳的下端，用改变鸡蛋形状的方法，将它立在了桌子上。这位勇敢的航海家，将整个思想与意识都沉浸在发现新大陆的兴奋与激动里，而没有多花余力，解决如何不破坏鸡蛋的形状而将它竖起来。

他真的解决不了吗？其实亦非如此，这件事要比发现美洲，甚至是发现一个弹丸小岛容易得多。告诉大家三种把鸡蛋竖起来的方法：一种是把熟鸡蛋竖起来，另一种是把生鸡蛋竖起来，最后一种方法既可以竖起生的鸡蛋，也可以竖起熟的鸡蛋。

首先是熟鸡蛋，它应该是鸡蛋里最容易竖起来的了，只要我们用两个手指，把鸡蛋像陀螺一样转起来，看着它们飞快地旋转，听着蛋壳摩擦桌面的声音，你会发现鸡蛋很简单地直立起来，从旋转开始到结束，它都会乖乖地保持着这种状态，不会变化，宛如天底下最听话的孩子。

熟鸡蛋很乖巧，生鸡蛋相对来说便要调皮得多，我们想用这种旋转的方法，将它竖起来是不可能的，这也是鉴别生鸡蛋和熟鸡蛋的最好亦最简单的方法之一。生鸡蛋为什么旋转不起来呢？因为生鸡蛋里面的液体物质跟蛋壳不是一体的，它无法跟蛋壳一起快速地旋转，就好像顽皮的恶作剧家，阻碍着生鸡蛋的旋转，所以我们必须选择别的方法将鸡蛋竖起来。那么，用什么样的办法呢？其实也不复杂，就是我们用力将鸡蛋摇晃几次，这样蛋黄就从一层薄薄的保护层里挣脱出来，我们再把鸡蛋大头朝下持续一段时间，蛋黄像个大力士一样挤压着蛋清，慢慢汇聚在鸡蛋的底部，鸡蛋的重心变低了，拥有了更大的稳定性，便比较容易竖起来了。

第三种方法可以竖起生、熟两种鸡蛋。这是一种比较简单的物理方法，首先把鸡蛋放在一个塞住的瓶口上，再找来软木塞，将两个叉子分别插在木塞上，同时固定好鸡蛋（图 1–1），这样鸡蛋就竖起来了，即使瓶子稍微倾斜，鸡蛋

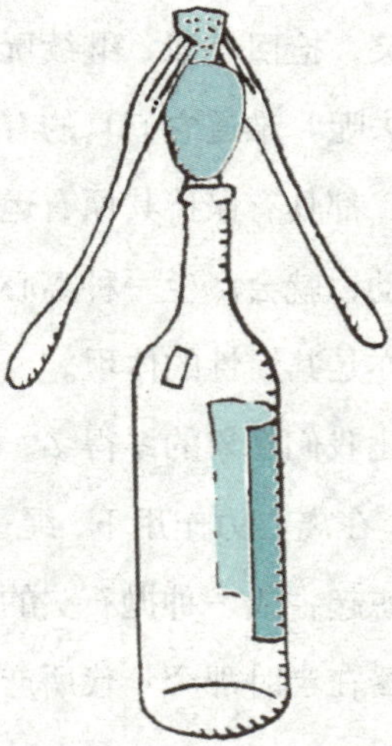

图 1–1

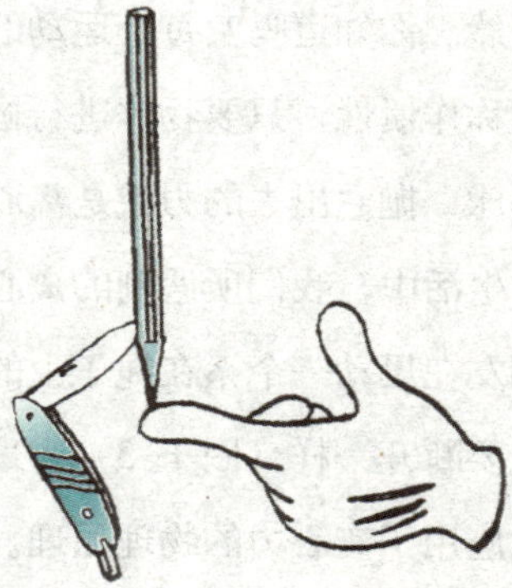

图 1–2

仍好像钢丝绳上的杂技天使，保持着极强的稳定性。其实，这类似于在铅笔上插上一把小刀，然后将铅笔垂直竖在手指上（图 1–2），铅笔不会掉下来的道理，因为它们的重心集中在一个点上，所以鸡蛋与铅笔都会直竖起来。

1.2 离心力

小的时候，每一个调皮的孩子或许都做过这样的游戏，将一把美丽雨伞的顶部轻轻放在地上，然后将其旋转起来，享受小小旋转所带来的愉快，当然还有一些不甘寂寞的人会往里面扔一些小球、手帕和纸团之类的，重量比较轻又不易碎的东西进去，本以为它们会乖乖跟随着雨伞的转动而转动，谁知道雨伞似乎并不想接受外来入侵者，而小球或者纸团也纷纷想着逃离，它们恣意向上翻滚，一直溜到雨伞的边缘，然后宛若飞鸟一样，沿着直线飞了出去，获得了自己所向往的自由。

每每这个时候，小孩子们都是开心地大笑，捡回小球，继续玩耍，身心愉快的同时也会默默思考，小球为什么会飞出去呢？难道它们真的有思想和意识吗？其实不然。你知道吗？每个运动的物体，都具有保持其原有运动状态的性质这被人们称作惯性，只要物体进行圆周运动，就会产生一种离心力，像雨伞中运转的小球，抛它出去的力就是离心力，亦是其惯性的体现。

在日常生活中，我们所遇到的离心力要比我们想象的多得多。曾经在公园里看到小朋友在甩动一个系在绳子上的石头，在离心力作用下，绳子绷得很紧，好像马上就要断开一样（图 1–3），这使我想起古代一种抛石头的武器，叫投石器，就是应用了离心力的物理原理。投石器在当时那个年代所产生的军事效果是相当大的。

还有我们见过的磨盘，就是用来把谷粒磨成面粉的石轮，如果它在转动的时候不够牢固或者太快，离心力就会弄碎它，从而造成不好的结果。不过，任何事情都是有利亦有弊的，如果离心力运用的好，它还能帮你变戏法，带来无限的乐趣。

我们现在就做一个实验吧！此实验中我们看到，杯底朝上，杯子里的水却奇迹般地不会倒出来，为什么？其实，变这个戏法真的很简单，我们只要拽紧系着杯子的绳子使杯子在竖直面上快速地作圆周运动，那样在离心力的作用下，杯中的水是无论如何都流不出来的，我们就可以看着宛似浪花般的水，在玻璃杯中规矩地飞舞，拼命地想要逃脱，却转不出那个小小的范围。这让我们想起马戏团里的自行车手，他们完成令人头晕目眩的“超级筋斗”（图 1-3）也是应用这一原理。把凝乳从牛奶中分离出来，利用的就是离析器的离心力；把蜂蜜从蜂房里抽出来，使用的是离心分离机的离心力；甩干衣服的装置用的是脱水机的离心力，等等。看来，离心力在我们日常生活中扮演着必不可少的角色。

当我们乘坐着有轨电车，欣赏着路边形形色色的人群，电车转弯的时候，我们会本能地抓紧扶手，小心防御，但身体依旧会不由自主地随着车子的转动而挤向车厢靠外的一侧。如果转弯时电车内侧和外侧的车轨一样高，当电车行驶得太快时，整个车厢就可能会因为离心力的作用而向外侧严重倾斜，甚至翻倒，造成不可避免的严重后果。所以在现实生活中，转弯处铺设的车轨的外侧会比内侧高一些，电车在这样的轨道上行驶，车厢在转弯时倾斜的幅度比较小，比内、外侧轨道水平铺设的要稳定，可以避免意外的发生。当然转弯时车速扔不能过快。

看到这里，一些朋友可能会不明白其中的道理，那么，我们就用一个小实验，来帮助大家弄清楚这是怎么回事！

首先，我们选择侧壁成圆锥形的小碗，或者玻璃罩，如果没有，我们也可以找来一张硬纸板，将它卷成宽口的圆锥形。然后，在里面放上硬币，轻轻旋转，看着它们开始飞快向内侧倾斜，沿锥面作圆周

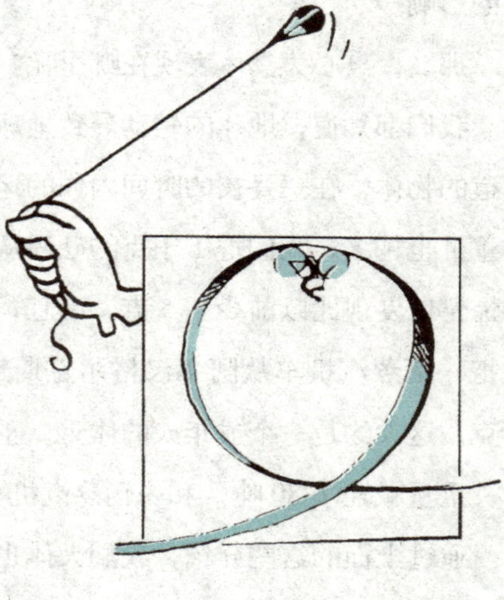

图 1-3

运动；随着硬币的速度变慢，它们会缓慢地靠近圆锥尖部，圆周变得越来越小。当然，只要我们再次转动容器，硬币还会像个听话的小孩子，重新戏耍起来，这时如果我们留心的话，会发现硬币离开了中心，圆周不断变大。如果加快速度的话，硬币完全有可能会滑出圆锥容器，完全挣脱出来。

小小的硬币就像自行车手，而圆锥形的器皿就像是赛场。赛场里铺设着更加特别的环形赛道，这些赛道在急转弯的地方，都明显地向内侧倾斜。自行车在上面骑行的时候，倾斜就会非常厉害，跟硬币一样，但它们不仅不会翻倒，还会在这种状态中，保持着相当稳定的平衡性，引来很多的关注与喝彩。自行车手苦练技术，是为了争取荣誉，而马戏团里的自行车手是希望用自己的技巧给大家带来快乐，在剧烈倾斜的木板上，他们像美丽的蝴蝶，绕行着飞舞，让台下的观众惊叹不已。虽然我们此时已经明白了其中的道理，知道这一切并没有什么了不起，它远比沿着平稳水平道路转弯骑行容易得多，但对于赛车手的精彩表演，我们还是应该给予最热烈的掌声。

看到这些硬币或者自行车手，我们会不由自主地转入大一点的问题，比如脚下这个让所有生物赖以生存的地球，它也是一个转动的物体，必定受着离心力的影响。

那么，离心力具体表现在哪里呢？

我们都知道，地球的转动导致地球表面上的所有物体都变轻了。越是靠近赤道的物体，在一昼夜的时间内作的运动圆周的越大，速度也越快，所以失去的重量也越多。我们把 1 千克的砝码从两极拿到赤道，然后用弹簧秤称量，便会惊愕地发现比以前少了 5 克。而且，物体越重，失去的重量就越多。曾经有人把一辆蒸汽机车从阿尔汉格尔克斯运到敖德萨，他发现重量足足减少了 60 千克，这大约是一个成年人的体重。重量是 2 万吨的战舰，从白海运到黑海之后，重量减轻了 80 吨，和一辆蒸汽机车的重量差不多。

通过上面的这些介绍，我们大体也能明白其中的道理了，地球在旋转的时候，表面上所有的物体都会倾向于一种抛出去的状态，这类似于在雨伞中旋转的小球。然而，地球是无论如何也无法将一切抛出去的，那是因为物体受到了地球引力的作用，这种引力就是我们平常所说的“重力”。虽然地球没有办法将表面上的物体甩出去，但可以随着自身的旋转而减轻它们的重量。

旋转的速度越快，减少的重量越多、越明显。科学家计算后得知，如果改变地球的旋转速度，变为现在的 17 倍，那么，位于赤道上的物体就会失去全部重量。如果地球转得更快，一个小时自转一周，这时不仅仅是赤道上的物体，就连靠近赤道的物体也会失去全部的重量。

我们可以这样想象一下，物体失去了重量，就意味着地球上没有你举不起来的东西了：蒸汽机车、大石头、巨型炮、整个军事战舰，以及所有的汽车、武器等，它们都像羽毛一样轻，轻而易举地就能举起它们。就算掉下来也不会砸伤谁，何况它们根本就掉不下来，因为它们连一点重量都没有。在什么地方放开它们，它们就在什么地方慢慢飘飞。当你坐在位于空中的气球里时，想把手中的东西扔到地上，那也是不可能的，因为它们没有重量，所以那些东西只能飘在空中。我们还可以跳出自己永远无法想象的高度，跳过高山、建筑，但是请你记住一点，往上跳真的很容易，但是若想回来就没有办法了，因为没有重量，谁都不会往地上掉。

那个时候放眼望去，所有的物体，不管是大的还是小的，一旦没有了固定性，只要轻轻一阵风，便会将它们吹到空中。人类、动物、汽车、轮船，各种各样的物体都飘荡在空中，碰撞后就可能损坏。

由此可知，当地球旋转得太快的时候，真的不是一件好事。

1.3 制作十个陀螺

下面，我们教大家用不同的方法制作陀螺，它们可以帮助我们进行一系列有趣的实验。这些陀螺的制作方法很简单，不需要花钱，更不用别人来帮忙，我们可以自己动手做，现在就开始吧！

1. 首先，找到一个有五个小眼的纽扣（图 1–4），然后拿出一根火柴，把其中的一端削得尖尖的，从纽扣中间的眼儿中穿过去，一个简单的陀螺就做成了（图 1–4）。不管是尖头还是钝头，它都是可以旋转的。只要用手指捏住转轴，迅速地搓转并把陀螺甩到桌子或者地面上，它就会快速地转动起来，还会不停地摇晃，好像滑稽的杂技演员。

2. 随便找个软木塞，用小刀切下一个薄薄的圆片，用削尖一头的火柴从圆片的中间穿过去，就完成了第二个陀螺（图 1–5）。

图 1–4

3. 在图 1–6 中，你看见了一个相对有点特别的陀螺，它有个生动的名字，叫做核桃陀螺。它的尖头朝下，就可以旋转起来。因此，我们只要将一个火柴插在钝头，就可以用手捏着火柴旋转核桃陀螺。

4. 我们可以找来更平、更大的软木塞或者小瓶子上的塑料盖，先将铁丝或者毛衣针烧红，然后在软木塞的中间烫一个小洞，把火柴插上就可以了。这样，一个陀螺就制成了，它旋转的时间既长又稳。

5. 现在，我们来制作一个相对特别点的陀螺。先找来一个装面霜的圆形盖子，为了不让穿过去的火柴滑动，我们需要在小洞处用一些石蜡来固定火柴棒，这样一个很好玩的陀螺就完成了（图 1–7）。

6. 陀螺真的有千万种，现在我们来做一个非常有趣的陀螺。先将一张硬

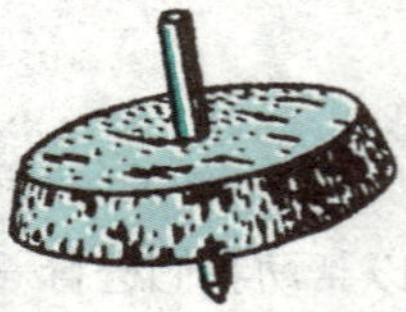

图 1–5

图 1–6

图 1–7

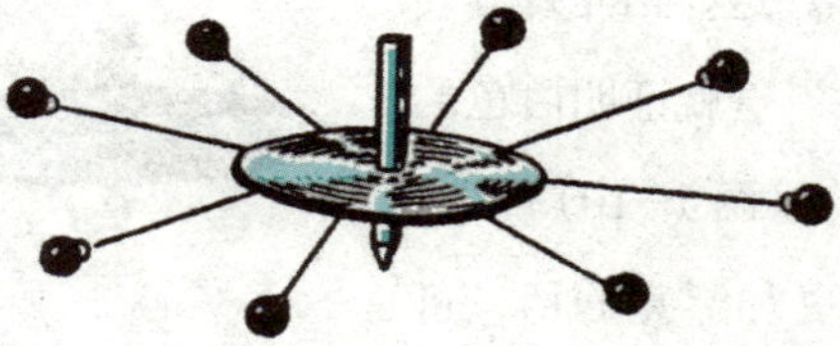

图 1—8

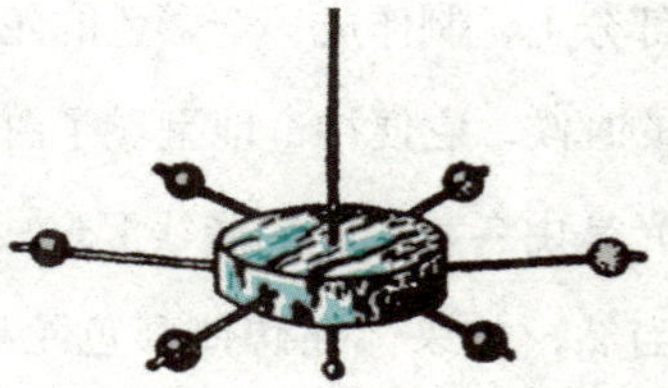

图 1—9

纸剪成一个小圆片，在它周围的边缘系上带吊钩的圆扣。当陀螺转动的时候，这些美丽的小扣子便沿着纸片的半径用力甩开，短线就会绷紧，轻易就能看到我们说过的离心力的作用效果（图 1—8）。

7. 下面这种陀螺的制作方法类似于上一个（图 1—9）。把彩色的小圆球穿到大头针上，再把大头针插到软木塞圆片的周围，好像是一个顽皮的小刺猬。当陀螺转动的时候，小圆球会移动到大头针的顶端。大头针会形成连续的银白色光带，而美丽的小圆珠则会拂动彩色的花边，镶嵌在光带四周，美丽炫目。

8. 在各种各样的陀螺中，最令人喜爱的当属彩色陀螺了，虽然制作这种陀螺很麻烦，但人们乐此不疲。我们先从一张硬纸板上剪下一个小圆片，把一根削尖的火柴插到圆片的中央，如果觉得不是很牢固，我们可以找来两片软木塞上下夹紧纸片。接下来这个未完成的小陀螺便变成了小蛋糕，我们可以先将它分成相等的几部分，数学家喜欢把它们称为扇形。然后找来彩色笔，根据个人的喜爱涂上颜色，我选择的是黄蓝相间的颜色，因为陀螺旋转起来的时候，这两种颜色会神奇的发生变化，它们好像融合在一起，变成了绿色。

如果想让陀螺变得更加好看，我们有必要进行一下混合颜色的小实验。剪一张圆纸片，相间地涂上天蓝色和橙黄色，制作成一个陀螺。当陀螺转动的时候，出现的不是天蓝色和橙黄色，而是白色，确切地说是浅灰色。而且，使用的颜色越纯正，灰色就越浅，呈现淡淡的白色。在物理学上，如果有两种颜色混合后变成白色，这两种颜色便被称为混合色。

世界上有个最伟大的科学家，他就是牛顿，曾经也做过类似的实验。首先剪出一个圆纸片，然后把圆纸片平均划分成七部分，把彩虹的七种颜色分别涂到这七个部分上，制作成一个彩色的陀螺。这样当陀螺旋转起来的时候，它便神奇地呈现了白色。这就证明白色的太阳光是由各种色彩的光线汇聚成的（图 1-10）。

图 1-10

当然，如果你还想使彩色陀螺更加漂亮的话，可以在陀螺旋转的时候，套上一个纸环，如此纸片上的色彩就会发生变化（图 1-11）。

图 1-11

9．简单的陀螺完成了，彩色的陀螺旋转了，现在我们来做个会画画的陀螺（图 1-12）。制作的方法跟前面所介绍的类似，只是转轴换成了削尖的铅笔，不再是削尖的火柴或者小棒，这也使得整个陀螺更加牢固结实。陀螺做好后，我们将它放在略微倾斜的硬纸板上，陀螺旋转的时候会沿着纸板慢慢行走，画出螺旋形的线路来。虽然我们仅靠眼睛是无法数确定陀螺的转速，但结合手表计时与数出螺旋形线路的圈数就可以计算陀螺的转速。

图 1-12

还有另一种会画画的陀螺。制作它需要的工具是一块圆形的铅片，铅片的质地要软，以便我们可以轻易地穿孔。首先，在中间钻一个小孔；然后，在小孔的两侧分别钻一个小孔。在中间的孔里插上削尖的小棒，旁边的一个小孔穿一段毛线，毛线的下端要略长于转轴，然后用折断的火柴固定好。第三个小孔是为了保持铅片与转轴之间的平衡性与稳定性，没有其他的用途。

这样，就制作好了会画画的陀螺。不过，为了实验的需要，还应该准备一个被熏黑的盘子。把蜡烛或者木柴放到盘子底下燃烧，直到盘内出现一层黑黑的烟迹，然后把制作好的陀螺在盘子上旋转起来。这时，线头的末端会在黑色的盘子上画出白色的痕迹，凌乱中有种惊心动魄的美丽（图 1-13）。

图 1-13

图 1-14

10．下面教大家做第十种陀螺，这是最后一种，那就是相对复杂一点的旋转木马陀螺。当然，请大家在制作之前不要泄气，它做起来要比看上去容易得多。这里用的材料与制作彩色陀螺的材料相同，只是在圆片上插上用大头针做成的小旗，然后再贴上一些骑马的小勇士。现在，旋转木马陀螺就制作成功了，看起来非常漂亮，深受小朋友的喜爱（图 1–14）。

1.4 碰撞

在物理学上，有一个词汇叫碰撞，它指的可能是一场事故，比如两艘轮船，两辆有轨电车，由于意外造成的碰撞；也可能指一种游戏，像我们玩的保龄球，高尔夫球，都是需要相互碰撞来完成的。虽然碰撞只是一瞬间的事情，却有着非常复杂的变化。物理学家把弹性碰撞成三个阶段：第一个阶段是两个物体接触后相互挤压变形；第二个阶段是挤压变形达到最大限度，因为挤压的力需要挤压产生的弹力去平衡，所以弹力会阻碍挤压的进一步发展；在第三个阶段，弹力把物体推向相反的方向，想让物体恢复挤压前的形状。所以，在我们看来，撞击的物体就像是被撞了一下。这时可以看到这样的现象：当一个槌球撞向另一个和它同样大小的静止的槌球的时候，在冲力的作用下，这个槌球会停在被撞的槌球的位置，而被撞的槌球会以撞击它的槌球的速度向前运动。

我们想一下，如果用一个槌球去撞击紧紧排成一条直线的槌球，会出现什么现象呢？第一个受到撞击的球把冲力传给了紧紧挨着它的第二个球，

图 1–15

它自己仍在原地不动；第二个球又把冲力传给了挨着它的第三个球，它也静止不动……依此类推，直到把冲力传给了最后一个球，因为最后一个球没有办法把冲力再往下传递，所以它自己跑出去了。

不仅槌球可以做这个实验，象棋或者是硬币也可以。把象棋摆出长长的一排，每一个都相互挨着。用手指按住第一个象棋，用木尺敲击它没有和第二个象棋挨着的那一面，这时你会看到，最后的一个象棋飞出去了，其他的仍在原地不动（图 1–15）。

1.5 杯子里的鸡蛋

我们曾经看过这样的杂技表现，杂技演员把桌子上的台布抽出来后，桌子上的所有东西依然在原地不动，让在场观众惊叹的同时亦对其中的奥妙感到不解。我们必须明白，这决不是骗术，只要手脚灵活就可以做到，而且多多练习会更熟练。

当然，我们不是杂技演员，没办法练得如此熟练。不过，做一些类似的小实验还是可以的。

我们先把一个装有半杯水的杯子放到桌上，再准备一张明信片、一个男士的戒指和一个煮熟了的鸡蛋。首先，用卡片盖住水杯，再将戒指放在卡片上；然后，轻轻的将鸡蛋竖在戒指上；最后，我们需要做的是把卡片抽出来，但鸡蛋不能掉到桌子上，大家想一下能不能做到呢（图 1–16）？

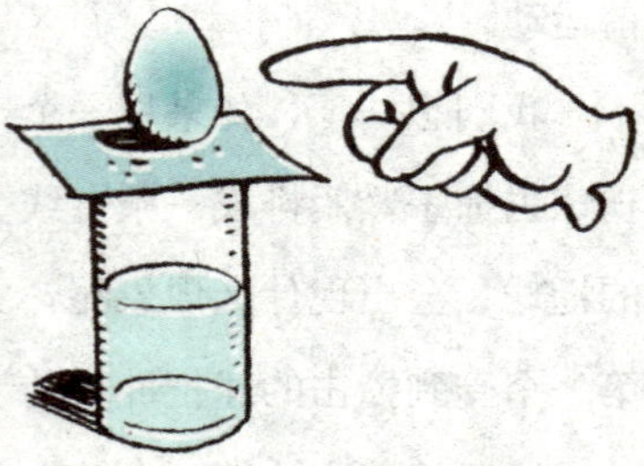
图 1–16

或许有人会皱起眉头，感觉这跟杂技表演没什么区别，都一样的困难。其实，只要用手指轻轻地弹一下卡片的边缘，这个看起来非常困难的实验就完成了。卡片被弹出去飞到桌子的另一端，由于卡片被弹出去的时间非常短暂，鸡蛋还来不及从被弹出去的卡片那里得到任何速度，导致失去卡片的支撑而失去平衡，就会与戒指同时落到水杯里。这时，杯子里的水缓冲了鸡蛋的冲击力，蛋壳就不会破碎了。

当你熟练地掌握了这个实验之后，可以尝试着用生鸡蛋来做，困难度会大一些。

当然，任何事情都是有一定难度的，上面的实验也是一样。在你不能完成这个实验的时候，可以选择一些相对容易的类似实验来练习一下。例如，在手掌上放半张明信片，然后把一枚重一些的硬币放到明信片上，最后用手指把明信片弹出去。这时候你会发现，明信片飞出去了，但明信片上面的硬币却留在了手掌中。如果把明信片换成交通卡，更容易完成实验。

1.6 断裂的学问

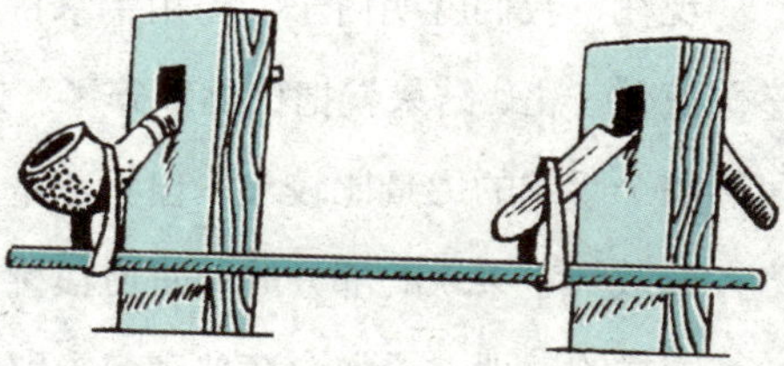

图 1–17

在我很小的时候，就对一些神奇的魔术充满好奇，直到我慢慢长大，才明白了其中的道理，原来的惊奇慢慢消失，取而代之的是一种再简单不过的感叹。我们来看一个类似的游戏，把两个纸环套在一根木棍的两端，然后把其中一个纸环的另一端放在剃刀的刀刃上，另一个纸环则挂在一只烟斗上（图 1–17）。魔术师带着妖娆迷离的微笑，恣意制造着神秘的气息，接着，他大吼一声，拿起另一根棍子用力地打第一根棍子。这时，奇迹出现了，所有人都目瞪口呆地看着木棍被打断了，而两个脆弱无比的纸环依然完整。

其实，这个魔术的原理和上面的实验一样。当木棍打下去的时候，马上就产生了冲击力，作用的时间非常短暂，纸环和木棍的两端来不及发生变化。只有直接受到冲击的木棍的那一部分发生了变化，所以就出现了我们看到的结果。这个实验成功的关键在于，冲击的速度要非常快，非常猛烈。如果击打缓慢无力，不但不能把木棍打断，而且会扯裂纸环。

我曾经见过一位技术高超的魔术师，他能够把横在两个非常薄的玻璃杯杯口的木棍打断，绝不会给玻璃杯造成任何损伤。

世间的人有千种万种，世界上的工作也有千种万种，并不是每个人都能成为魔术师，但我们可以成为一个热爱物理实验的人，为自己的生活增添一些乐趣，也给身边的朋友带来无尽的笑声，所以平常无事的时候，我们可以做一些简单的实验。首先，找来一张凳子，在边缘放上两支铅笔，铅笔的一小部分在凳子的外面；然后，把一根细长的木棍放在铅笔超出凳子的那一部分上，用尺子的边角迅速地敲击木棍的中间。这时，我们会发现，木棍断了，而铅笔纹丝不动，依然待在原来的地方（图 1–18）。

现在，我们就明白了，当用手掌挤压核桃时，为什么核桃不会破裂，而用拳头使劲一击，结果就把核桃砸碎了。其实，这里面的道理和上面实验的类似，虽然整个手掌的力量比较大，但力道是均匀的，而拳头击打核桃时，其间的冲力在分散到手柔软的部分的同时使核桃破碎。

同样的道理，子弹会在玻璃窗上留下一个小圆洞，而随手扔出去的石头却能够将整块玻璃击碎。不过，你知道吗？当你用手慢慢地推玻璃时，可以把窗框和铰链一起推倒，这是子弹和石头无法做到的。所以很多时候，看似神奇的现象都有道理可寻，只要我们仔细观察、勤于思考，就可以发现其中的奥秘。

最后，我们再举一个用树条打断树干的例子。当我们用树条抽打树干的时候，如果速度比较慢，不管多用力，都不会把树干抽断，只能使其向一边倾斜；只有速度相当快的时候，才会把树干抽断，当然太粗的树干除外。由于速度非常快，树条运动所产生的冲力只作用在和它接触的那一小部分树干上，来不及分散到整个树干上，因此才能把树干抽断。

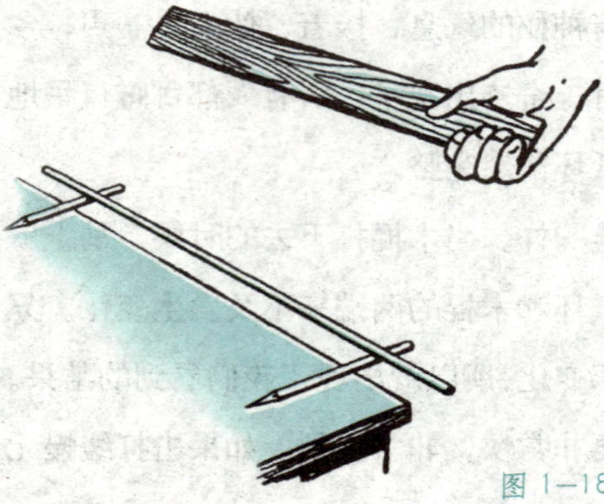

图 1–18

1.7 用鸡蛋模拟潜水艇

在所有的食物中，鸡蛋中蛋白质含量非常高，那么，你知道如何分辨鸡蛋是否新鲜吗？一个有经验的家庭主妇会这样回答：可由鸡蛋在水中的状态决定它是不是新鲜，因为新鲜的鸡蛋会沉在水底，就像装满水的潜水艇；而像轮船一样，漂浮在水面上的鸡蛋一定有问题，是不能吃的。

为什么这样的方法能鉴别鸡蛋的新鲜与否呢？物理学家给予了这样的解释：在纯净的水中，和鸡蛋同体积的水的重量小于鸡蛋的重量。但是，当你在水中加入了盐类物质，和鸡蛋同体积的水的重量就会大于新鲜鸡蛋的重量，鸡蛋便会漂浮在水面上。

古希腊的物理学家阿基米德发现了浮力原理，下面的实验就应用了这个原理。首先，准备一杯浓度足够大的水，使鸡蛋排开的盐水的重量大于鸡蛋本身的重量；然后，把一枚新鲜的鸡蛋放到盐水中。这时，我们会发现新鲜的鸡蛋浮在水面上。

大家想一下，在什么样的情况下，鸡蛋既不会沉到水底，也不会漂浮在水面上，而是待在水中呢？这种现象就是物理学家所说的“悬浮”。

图 1-19

做这个实验的时候，需要先调好一杯盐水，盐水的浓度有着精确的要求，即必须使鸡蛋没入水中后排开的盐水重量等于鸡蛋本身的重量。因此，为了调整好盐水的浓度，我们要多试几次：如果鸡蛋漂浮在水面上，就需要往杯中加水；如果鸡蛋沉到了水底，就得加点盐。反复几次后，你便会看到鸡蛋既不上浮，也不下沉，正好停留在水中的某一个地方，静静地待在那里（图 1-19）。

其实，潜水艇能够在水中随心所欲，就是应用了这个原理。当潜水艇位于水中时，它排开海水的重量正好等于本身的重量；当潜水艇需要下沉时，就把海水灌到潜水艇所带的水柜中；相反，只有把水柜中的水排出来，潜水艇就能够漂浮到水面上。

人们根据这一原理发明了飞艇，它能漂浮在空中的原因是：自身的重量等于它所排开的空气的重量。

1.8 针在水面上漂浮

曾经见过一个小孩子调皮地往水面上丢一枚缝衣针，希望它能漂浮起来，但缝衣针毕竟是一根实心的铁，虽然很小，也会沉下去的。所以，当时妈妈就像很多人想象的一样，加以阻止。后来，孩子慢慢长大了，学了一些物理知识后，便清楚地告诉母亲：其实，针是可以漂浮在水面上的。

那么，到底要怎么做呢？

首先，找一根不太粗的缝衣针，在这根针上抹一点黄油或者猪油；然后，小心地把针放到碗中。这时，你就会惊讶地发现，针漂浮到水面上，而不是我们平常见到的沉到水底。

为什么针没有沉下去呢？钢的密度不是比水的密度大吗？每个人几乎都知道针的密度要比水的密度大上 7、8 倍，在这种情况下，它怎么像火柴一样，随随便便就漂起来了呢？这时，我们就要仔细地观察一下，找出针不会下沉的原因。我们发现，针附近的水凹了下去，就像是一个小小的凹槽，针正漂浮其中，享受着凹槽带来的呵护。

为什么会出现凹槽呢？难道是针的重量压出来的吗？当然不是！那是因为抹过黄油的针不能和水相互融合，所以形成了凹槽。在平时，我们的手如果是油腻的，用水冲手，水无法打破油所形成的保护层，所以我们的手不会湿。想要去掉手上的油腻，只能用肥皂破坏油脂层，使油脂层离开手上的皮肤。

看看湖水中恣意嬉戏的天鹅，它身上就覆盖着一层由特殊腺分泌的脂肪，所以湖水不能沾到它们身上。这就是为什么抹上黄油的针会漂浮在水膜压成的凹槽底部，因为水膜会产生使水面恢复的张力，这种力把针托在水面上，不让它沉到水底去。

图 1—20

也许有人会告诉你：我没有特意抹黄油，针还是能浮在水面的。其实，那是因为我们的手常常会粘到一些油腻，针被拿过后就抹上了一层薄薄的油，所以在不涂抹黄油的前提下，针也能浮在水面上，只不过在放的时候要特别的小心。我们还可以把针放在卷烟的碎纸上，然后找到另一根针，慢慢地把碎纸压到水中。这时，我们会发现，碎纸沉到了水的底部，针则漂浮到水面上。

世界上的动物千千万，有一种昆虫叫水黾虫，它能在水面上爬行，就像走在宽阔的陆地上一样（图 1—20）。也许你已经猜到了，这种昆虫的足部带有一层薄薄的油层，从而使足部不会被水弄湿，同样，水膜的张力形成了支撑起水黾虫重量的上托的力。

1.9 潜水钟

我们讲述的都是一些相对简单却很有趣的实验，现在我们做一个潜水钟的实验，钟就是一个高筒的玻璃杯或者高脚杯，盛水的脸盆化作缩小版的大海，听起来是不是很有趣呢！

图 1—21

首先，我们把玻璃杯倒扣，使劲压到水底；然后，用手固定住玻璃杯，以免杯子被水冲倒。由于杯子里有空气，所以水是无法进入玻璃杯的。还有人会想到更好的方法，就是事先在潜水钟的底部放一个吸水的物体，糖块就是很好的选择。从软木塞上切下一个圆片，然后放在水面上，接着在圆片的上面放上糖块，再用玻璃杯盖住，最后把玻璃杯压到水里。这时，玻璃杯外面的水要高于糖块的位置，但糖块依然是干的， 因为玻璃杯中没有水（图 1—21）。

用玻璃漏斗也可以做这个实验。让漏斗的口朝下，用拇指压住上面的漏口，然后把漏斗按到水盆中。这时，漏斗周围的水无法流进漏斗里，当你把拇指从漏口处移开时，空气就能够流通了，漏斗外面的水便会进入漏斗，直到内外水面相平为止。

这个实验告诉我们，空气“不存在”的说法是错误的，它占据着一定的空间。如果有地方可以去，它就会流动着；如果没有地方可以去，它就坚守着自己的阵地，绝不会将自己的地盘让给其他东西。

同时，这个实验让我们明白了，人们为什么能够利用潜水钟或者“水套”这些宽口的东西在水底工作，这个原理和盆中的水不会涌进玻璃杯中的道理一样。

1.10 为什么水不会流出来?

很多年轻的物理学家都做过这样的实验：将一个玻璃杯盛满水，用明信片或者硬纸板盖住杯口，将手轻轻地压在纸片上，接着迅速把杯子倒过来。现在，把压在纸片上的手拿开，如果纸片完全水平，它就不会掉下来。同样，玻璃杯中的水也不会流出来。

这时，你可以试着把水杯端来端去，水是不会洒出来的。如果有人想喝水，你就这样端到他面前，他一定会万分诧异，觉得非常神奇。

为什么纸片承受了水的压力，却不会掉下来呢，这里面有什么秘密吗？其实，答案很简单，是空气的压力在起作用。我们来估算一下，玻璃杯中水的重量大约是 200 克，而纸下面空气给纸的压力远远大于这个重量，所以纸片不会掉下去。

有人告诉我，在这个实验中，有一点要特别注意，只有杯子里装满水的时候，实验才能够成功。如果装了半杯水，剩余的一半就会被空气填充，整个实验就会失败。这是因为杯中的空气也会产生压力，作用在纸片上，这个压力抵消了外面空气对纸片的压力，纸片就会掉下去。

耳听为虚，眼见为实，每个人都有怀疑的本性和好奇的心态，我们不妨用一个没有装满水的杯子来演示一遍。不过，出现了意想不到的现象，卡片没有掉下来。重复了好几次，结果依然不变。这时，我们可以大声地说，不管玻璃杯中的水是不是满的，纸片都不会掉下来。

看到这个结果后，我沉思了很久，想明白了很多道理。自然界中，试验出真知，只有通过试验，才能判断一些事物的准确性。即使听起来非常正确的理论，也要用试验去验证它的真实性。如果试验和理论不相符，就要去寻找理论的错误之处，决不能怀疑试验不对。

17 世纪时，第一批佛罗伦萨科学院的自然研究者就给自己定下了这样的规则：检验再检验。只有错误的理论，不会有错误的实验。

通过实验，证明了半杯水纸片会掉下去的理论是错误的，尽管这个理论听起来非常合理。把没有装满水的玻璃杯倒置着，用手指小心地掀开纸片的一角，我们会看到有气泡从水中冒出来。这个现象说明了什么呢？说明玻璃杯外面的空气密度要比里面的大，所以外面的空气才会跑到里面去。这就是纸片不会掉下来的原因，虽然玻璃杯中有空气，但它的密度比较小，产生的压力也就小，即使加上杯中水的重量也无法抵消外面的空气产生的压力。为什么玻璃杯里面的空气密度比较小呢？那是因为在倒置玻璃杯的时候，水向下流动挤出了一部分空气，剩下的空气独占了原来的空间，所以密度就变小了。

最简单的物理实验中，却包含着复杂的道理，只要认真思考，就可以发现别人看不见的奥秘，这就是伟人和普通人的区别。

1.11 空气压力的体现——水中取物

我们知道空气无处不在，通过上面的实验还知道空气会对接触到的物体产生压力，也就是物理学家所说的气压。下面，我们用另一个实验证明气压的存在和影响。

首先，找来一个光滑的盘子，在里面放上一枚硬币或者是金属纽扣；然后，在盘子里倒上水，硬币会沉在水底。这时，我们所要思考的就是如何在不打湿手、也不把水带出来的情况下，将硬币取出来，很多人会认为这是异想天开，根本不可能完成。如果你也这样认为的话，我只能告诉你，你错了，这是可以完成的任务。

我们在玻璃杯里放上一张纸，接着点燃纸，等到纸开始冒烟的时候，就把玻璃杯倒扣在盘子里。当然，我们不能将硬币扣在玻璃杯里面。接下来，我们所需要的就是时间了。看着纸片慢慢燃烧，直到化成灰烬，杯子里的空气也会随之从灼热慢慢冷却下来。随着空气的冷却，盘子里的水渐渐涌进杯子里，直到盘子变空为止（图1–22）。等硬币变干后，我们就可以将其拿走，手上不会有一丝的水渍。

图 1–22

实验是做成功了，可是你知道其中的道理吗？其实，所有物体受热时都是一样的，玻璃杯中的空气受热膨胀，就会有一部分气体跑出玻璃杯。等到杯中剩余的空气开始冷却的时候，里面的压力无法和杯子外面的压力相抵消。这时，杯子外面的空气就会把盘子中的水挤压到玻璃杯中去。现在我们就明白了，为什么水会自己跑进玻璃杯。

其实，这个实验并不是只能用燃烧的纸张或者浸透酒精的棉花来完成，它有一个更加神奇的方法，不需要任何燃烧过的物体。用热水把玻璃杯涮一涮，实验也是可以成功的。所以我们便能明白，只要杯子内的空气是热的就行，用什么方法并不重要。

我选择的方法是非常简单的，就是在午后喝完热茶，趁茶杯还热的时候，直接将它倒扣在盘子上。当然，要事先在盘子里放上一些水，过不了多长时间，这些水便涌进了茶杯中。

1.12 降落伞

小时候就梦想像小鸟一样，能在天空中自由翱翔，那时的梦想是美好而不可及的，但它吸引着我，牵引着我，所以我做过很多关于这方面的实验。用父亲使用过的卷烟锡纸剪出一个巴掌大的圆片，在圆片的中间剪一个纽扣般大小的小圆，然后在大圆的边缘打一些小小的洞，用长度相同的线穿过去，最后将这些线的末端系在一个重量适宜的物体上。这样一来，一个简单的降落伞便制作成功了，虽然它不能与那些在紧急关头救人性命的救生伞相提并论，但它是救生伞的模型。

现在，我们来检查一个它的性能吧。把它从楼上的窗户里扔出去，系着线的物体有一些重量，它会将绳子拉紧。这时，纸便会像把小伞一样展开，我们所制作出来的这个降落伞开始平稳的往下飞行，直到落到地面上为止，这是在没有风的时候。如果有风的话，降落伞就会被吹到别的地方去，最后在远处降落。

降落伞承受的负荷物的大小和伞面成正比，伞面越大，承受的负荷也越大（负荷物是一定要有的，它可以确保降落伞不翻倒）。而且，在没有风的时候，降落得越缓慢；在有风的时候，飘出去的距离越远。

降落伞能够飞这么久的原因是什么呢？答案就是，空气阻碍了它的下降速度。伞面在几乎没有增加什么重量的情况下，加大了负荷物的受力面积，否则负荷物早就落下来了。所以伞面的表面积越大，受到的空气阻力就越大，降落伞下落的速度就越缓慢。

总听过灰尘之所以会在空气中漂浮，是因为灰尘比空气轻，现在通过这个实验，我们就明白了，这个理论是完全错误的。灰尘是由很多物质的微粒组成的，例如，黏土、金属、树木、煤等。你知道这些东西要比空气重多少倍吗？据调查研究显示，灰尘中的石末颗粒的重量是同体积空气的1500倍，铁末颗粒是6000倍，木末颗粒是3000倍，等等。看过这些数据，我们还能说灰尘比空气轻吗？

任何固体或者液体在空气中都应该呈现一种往下掉落的状态，灰尘也是如此，它之所以会如此缓慢，就是因为它下落的方式与降落伞相同。关键在于，微小颗粒的表面积相对于它的重量来说是非常大的。一颗小霰弹与一颗是它1000倍重的子弹相比较而言，子弹的表面积是小霰弹的100倍。这就是说，按照重量换算以后，子弹的表面积是小霰弹的$\frac{1}{10}$。我们来想象一下，一颗是子弹100万分之一的小霰弹就像是一颗微小的颗粒，按照重量换算后，这个微粒的表面积却是子弹的10万倍。所以，灰尘虽然在肉眼中是漂浮在空气中的，实际是以极慢的速度下沉，微风都能把它再次吹上去。

1.13 飞舞的纸蛇和纸蝴蝶

在我印象中，蛇是一种相当可怕的动物，每每想起，都禁不住浑身颤栗，而今天，我要教给大家的，就是与之有关的一个小实验，不但不恐怖，还充满了神奇的乐趣。

首先，我们要用明信片或者硬纸板剪出一个像玻璃杯口这么大的圆片；然后，用剪刀慢慢地沿着螺旋线裁剪，剪成蜷缩的蛇的形状（图1—23）；接着，用手按一下蛇的尾部，在纸上会出现一个小坑；最后，我们需要一根缝衣针，将它尖的一端插在软木塞上，另一端固定好蛇尾。这时，蛇头自然而然就会垂下来，看上去像是一条螺旋的蛇形小阶梯，如果它能舞动

图 1—23

起来，是不是更逼真一些呢？

其实，想叫小蛇活动起来并不是很难的事情，只要我们将做好的小蛇拿到燃烧的炉灶旁边，蛇就会转动起来，一圈一圈，规则地跳动着自己独特的舞步。炉火越旺，它舞动得就越快，宛若充满了生命的活力。

只要我们多尝试一些就会发现，将纸蛇放在任何温度高的物体旁边，它都会或快或慢地舞动，物体保持多久的热量，它就会舞动多久。如果把纸蛇放在温度比较高的煤油灯上面，它会转动得非常快（图 1—24）。

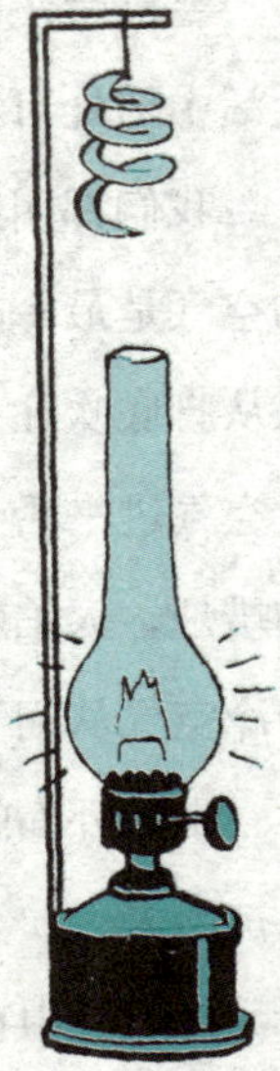
图 1—24

是什么力量叫蛇“活”起来的呢？答案只有一个，那就是气流。任何热的物体旁边都存在着一股向上运动的热气流，因为空气被加热后体积就会膨胀，空气密度变小的同时也会变轻，而四周的空气依旧保持着原来比较冷的状态，所以密度比较大，也比较重。这时，热空气就会缓缓上升，冷空气占据了热空气原来的位置，慢慢地它也会被加热，跟原来的热空气一样上升，其他的冷空气来到这儿，不断重复这样的过程。所以，如果某一物体的温度比较高，它的上方就会存在一股向上的热气流。纸蛇置身上面，自然而然被吹得转动起来了。

很多有创意的人，他们做这个实验的时候不是用纸蛇，而是选择了更加美丽的蝴蝶纸片。做这只小蝴蝶最好用卷烟锡纸，用细线把蝴蝶中间系好，然后挂在电灯的上面，蝴蝶会随之飞舞旋转起来，宛似花丛中翩翩起舞的蝴蝶。而且，蝴蝶还会在天花板上任性地投下自己的影子，影子也在重复着相同的动作，只是幅度比较大。不明所以的人，会认为房间里飞进了一只黑色的大蝴蝶，正在天花板上翩翩起舞呢！

我们还可以把一根缝衣针插到软木塞上，再将尖头扎到剪好的纸蝴蝶的重心上，然后将它放在热物体旁边，它就会快速舞动起来。调皮的小孩子还会给它扇风，加以鼓励，那样蝴蝶飞舞得就更加生动了。

空气受热膨胀从而形成向上的热气流，这是一个很普遍的现象，在我们的生活中随处可见。例如，我们身边的工厂熔炉里的通风，那就是上升的热气流。

我们都明白，在一个供热的房间里，天花板上的空气是最热的，而地板上的空气是最冷的。因此，当房间里不太暖和的时候，我们常常会觉得有一股冷风从脚底吹往全身。如果屋子里面的温度比外面的高很多，当打开门的时候，冷空气进来后会待在下面，把热空气挤到上面去。这时，在门旁边放一个点燃的蜡烛，火焰就会表明空气的流动方向。所以，为了使屋子里暖和，绝对不能让冷空气从门下面的缝里钻进屋子，用报纸或者是布条堵住缝隙就可以了。这样一来，外面的冷空气进不来，房间里的热空气就能够保持住了，不会被冷空气挤出去。

自然界中也存在冷热空气的流动现象，例如，信风、季风、海陆风，等等。这些东西不是一两句话就能够解释清楚的，我们就不详细介绍了。

1.14 瓶中的冰

记得有一天，儿子问我，能否在冬天得到一瓶冰？我想这是很简单的，只要将一瓶装满水的瓶子放到窗外，剩下的交给严冬来解决。等水冻成了冰，我们就会得到整整一瓶的冰了。

当我们动手做这个实验的时候，却发现事情远远没有想象的那么简单。虽然有了冰，但瓶子却被撑破了。因为水结成冰后体积会增大，大约比原来的水大 $\frac{1}{10}$。体积膨胀后产生的压力，会轻易将瓶子撑破，不管有没有带瓶盖，都不会改变这种情况。因为处于瓶颈部位的水结冰后，就形成了一个冰瓶塞，和盖子的作用类似。

水结冰后体积增大产生的作用还表现在其他方面，例如使金属断裂。而且，水结成冰以后，可以把5厘米这么厚的铁瓶挤破。所以，当水管中的水变成冰后，常常把水管撑破。

水结冰体积膨胀这个现象，还可以解释为什么冰是漂浮在水面上，而不是沉在水底。反之，如果水结冰后体积不是增大而是缩小，那么冰就会沉在水底，而不再漂浮在水面上。这样一来，我们就失去了溜冰等很多与冰有关的运动。

1.15 冰断裂了？

你是否听到过这样一句话：在强大的压力下，冰块会冻在一起。这句话可以会使你想到，压力越大，冰块就冻得越结实。其实，真实的情况却不是这样，压力大的时候，冰块会融化，只不过冰化成水后，冷空气又将它迅速冻成了冰。

现在，我们做一个实验来证明这一点吧！分别对两个冰块施加压力，我们会发现冰块相接触的部分融化成了水，这些水流到缝隙里，这时不再受到压力，水又会迅速结成冰，就这样，把两个冰块紧紧地冻在了一起。

如果你还不是很清楚，那么我们用另外一个实验来验证一下。首先，找一块长形的冰条，把两头放在两个圆凳的边缘上；然后，选一根长约80厘米、半径不大于0.5毫米的细铁丝，将它拧成一个圆环，套在冰块的中央；最后，把10千克左右的重物系在铁环的下面。这时，我们会发现，铁丝慢慢地切过冰块，最后掉到了地上。结果，冰块没有断，还是一个整条。拿起来仔细观察，它几乎是完好无损的，那铁丝曾切过的地方，都已经重新结成了冰，像是没被切过一样（图1–25）。

这就是冰块融合的原理，在铁丝的压力下，冰的确是融化了，但很快又重新凝结起来。也就是说，当铁丝在切下面的冰时，上面被切开处又冻住了。

自然界中，冰是唯一一个能够完成这个实验的物质，因此，人们才可以在

图 1—25

冰上恣意地溜冰玩耍，在雪地上欢快地滑雪跳跃。当溜冰的时候，我们用自身的体重压着冰刀，冰刀下的冰受到挤压就会融化，冰刀随之滑行。冰刀滑到哪里，哪里的冰就会融化，只要冰刀一离开，融化成的水又会冻结起来。所以，虽然冰是干的，冰刀下却总有融化了的水，起到了一定的润滑作用，帮助冰刀顺利滑行。

1.16 声和光的传播

我曾经观察过一个正在砍树的人，看着他一下一下挥动着斧头，听着咚咚的声音，每每这时我都会感到奇怪，为什么听到声音的时候，不是斧头砍进树里，而是斧头拿开的时候呢？

为了能观察得更清楚一些，我往前走了两步，离得更近了。试过几次之后，我发现有一个地方，站在那里的时候，斧头击打的声音正好跟击打的瞬间重合。这时，再移动到其他的地方，击打的声音和动作又不一致了。

那么，如何来解释这个现象呢？原来，经过一段时间后，声音才能从声源传到我们的耳朵里，而光一下子就能够传播这段距离。因此，当击打的声音还在途中的时候，我们就看见斧头被举起来，将要进行下一次击打了。这样一来，眼睛就会先看到，耳朵后听到，所以就错开了。你会觉得，声音不是斧头向下击打时发出来的，而是举起来的时候产生的。你往前走近几步，就会找到击打的声音和动作重合的那个点，在这个点上不是光和声音同时传播到你的眼睛和耳朵里，而是因为声音传到耳朵里的时候，斧头开始了第二次的击打。这时候，你就会觉得看见的和听见的一致了，只不过你看到的是第二次的击打，听到的是第一次击打的声音而已。

看到这里，有人可能会产生这样的疑问：声音在空气中的传播速度是多少呢？光的速度又是多少呢？经过测量得知，声音的传播速度是约$\frac{1}{3}$千米/秒，光的传播速度是声音的 100 多万倍。也就是说，要传播 1000 米的距离，声音需要 3 秒钟的时候，而光需要的时间可以忽略不计。假如在一秒钟的时间里，人可以挥动斧头两次，只有站在离其约 160 米的地方，听到的声音就会和斧头落下去的时刻重合。

声音不仅可以通过空气传播，还可以通过其他的气体、液体、固体这些媒介进行传播。实验证明，声音在水里的传播速度是空气中的 4 倍，因此在水中可以清楚地听见各种声音。例如，工人在潜水箱里工作时，能够听到岸上的任何声音；水中游动的鱼也可以轻易地听到岸上的声音，所以渔夫们在钓鱼的时候，都需要保持一种安静的场合，否则鱼儿就会逃之夭夭了。

你知道吗？声音在坚硬的固体里传播得更快，例如铁、树木、骨头等。当你将耳朵贴在一根长木条的一端时，有人在另一端用手指轻轻敲打，声音通过木条传到你的耳朵里，你能够听得很清楚。如果四周非常安静，你甚至能听到同伴手表传来的滴答滴答声。当然，铁轨、铁梁、铁管，甚至土壤，这些都能够很好地传播声音。远处有一匹白马向你驶来，如果你将耳朵贴在地上，就能很早地听到马蹄声。如果你直立眺望，选择空气传播声音的话，它到达你耳朵的时候会晚很多。

坚硬的固体介质传播声音的速度要比柔软的物体快得多，那些柔软的布，潮湿松软的物质，宛如神奇的精灵，会将这些声音吞噬了，所以我们会选择厚重的窗帘来隔音。另外，地毯、大衣及柔软的家具也具有隔音的作用，和厚重窗帘的功能相同。

1.17 利用头骨传播声音

在上一节我们说到，坚固的介质能够快速传播声音，骨头就是其中的一个。如果你还有怀疑，我们可以用实验来证明一下，看看头骨是不是真的具备这种性质。

家里都有闹钟，我们将其轻轻叼在嘴里，用两只手堵住自己的耳朵。这时，神奇的事情发生了，你依旧能够清楚地听到钟摆有规律地来回摆动，甚至比空气传播得更加清晰，这是为什么呢？答案很简单，那就是声音通过我们的头骨，传到了耳朵里。

当然还有别的实验，也能证明头骨能够传播声音。我们可以在绳子的中间系上一把勺子，然后把绳子的两端堵在两只耳朵上，接着轻轻弯下身子，让勺子可以自由摆动。这时，只要勺子碰到你身边的其他固体，你便能听到低沉的轰鸣声，好像有人在你的耳边敲打着一个古钟。

如果实验用的不是勺子，而是比勺子更重的物体，撞击后发出的声音会更大，实验的效果也会更加显著。

1.18 恐怖的影子

某天晚上，我正在床上看书，哥哥神秘兮兮地走进来问我：“你想不想看神秘的东西？走，跟我来，就在隔壁的房间里。”

在好奇心的驱使下，我想都没想就跟着哥哥去了。那间屋子很黑，哥哥点着一支蜡烛，我们小心翼翼地走着。突然，我的心被一双恐怖的大手用力抓住，指尖冰冷，感到寒颤，我看到对面墙上出现一只可怕的怪物，正紧紧地盯着我。它扁平得就宛如一个影子，可这并不能减少它身上嚣张的气势，好像我侵占了它的地盘，它正在发怒（图 1–26）。

我感觉到恐惧，正当我准备撒腿逃跑的时候，身后传来哥哥的笑声，我回头一看，豁然明白了是怎么回事。

原来，墙上那面镜子上贴了纸，在纸上剪出眼睛、鼻子和嘴巴，这样就形成了一些小洞。当哥哥拿着蜡烛照的时候，烛光就通过这些洞从镜子上反射出来，落到了我的影子上。也就是说，我被自己的影子吓了一跳。

后来，我也用同样的方法戏弄过同学，但不是每次都成功。慢慢地我才发现，只有把镜子放在正确的位置，才能够出现想要的结果。因为光线通过镜子反射

图 1–26

有一定的规律，只有入射角等于反射角的时候，才会出现（图 1–26）中的效果。知晓了这个规律，就可以正确地摆放镜子了。

1.19 亮度的测量

大家想一下，如果把一根蜡烛挪远，刚好是原来距离的两倍，蜡烛的亮度会不会减弱呢？会减弱多少倍？是不是两倍？通过实验，我会清楚地告诉你，不是减弱两倍。

我的实验是这样完成的，首先在两倍远的地方放两根蜡烛，这时的亮度不及原来的亮度，想要和原来的亮度一样，必须放 $2\times2=4$ 根蜡烛。在 3 倍远的地方不是放 3 根蜡烛，而是需要 $3\times3=9$ 根。其他的情况依此类推。

这就说明，当蜡烛移动到两倍远的地方时，亮度会变为原来的$\frac{1}{4}$，3 倍远的地方是$\frac{1}{9}$，4 倍远的地方是$\frac{1}{16}$，5 倍远的地方就是$\frac{1}{25}$，等等。这样一来，我们很轻易就能得出亮度和距离的平方是反比关系。而且，响度与距离之间的关系也是这样，当声源是原来 6 倍远时，响度减弱为$\frac{1}{36}$倍，而不是$\frac{1}{6}$倍①。

明白了亮度和距离之间的关系，我们就可以比较两盏灯的亮度，甚至是任意两种光源的亮度了。你是不是想知道，一盏台灯会比一根蜡烛亮多少倍呢？换而言之，就是多少支蜡烛才能达到一盏灯的亮度。

想知道这个答案并不是很难的事情，只要把灯和点燃的蜡烛放在桌子的一头，把一张白纸竖着放在桌子的另一头，用书夹固定住。在距离纸片不远的前

①就是因为这个原因，剧院里邻座之间的耳语声能够盖住舞台上演出的声音。如果舞台和你之间的距离是你与邻座之间距离的 10 倍，那么演员与邻座相比，他的声音要比邻座弱上 100 倍，所以在听觉上，演员的声音低很多。同理，老师在讲课的时候，教室里要保持绝对的安静。对距离讲台比较远的学生而言，老师的声音远远比不上邻座同学的耳语声。

图 1–27

面，竖直着放上一根类似于铅笔的小木棒，木棒会在白纸上投下阴影，而且是两个：一个是明亮的灯照出来的，另一个是昏暗的蜡烛照出来的（图 1–27）。由于形成两个影子的光源不同，所以影子的浓淡程度是不一样的。慢慢地向前移动蜡烛，直到两个阴影的浓淡程度一样，这也就意味着，此时台灯的亮度等于蜡烛的亮度。可是，台灯距离纸片很远，而蜡烛距离纸片很近。测量一下台灯到纸片的距离是蜡烛到纸片距离的多少倍，就可以算出台灯的亮度是蜡烛的多少倍了。根据亮度和距离之间的关系可以得知：如果台灯到纸片的距离是蜡烛的 3 倍，那么，亮度就是 3 × 3=9 倍，等等。

当然，想比较两个光源的亮度还可以用别的方法，我们可以利用纸片上的油点来比较。光源若是在油点的正面，那么油点就是亮的；相反，如果光源在背面，那么油点就是暗的。在油点的两端放上两个光源，调整光源的距离，使得油点的正反两面的亮度相同。然后，测量出两个光源到油点的距离，按照上面的方法计算出结果即可。为了便于观察油点两次的亮度，可以在旁边放一个镜子，这样就可以从一侧观察油点的亮度，从镜子里观察另一侧的亮度。镜子摆放的位置，相信大家能够想出来。

1.20 倒着的图像

在果戈理的小说《伊万·伊万诺维奇和伊万·尼基福罗维奇吵架的故事》中，有这样一段话：

伊万·伊万诺维奇走进一间漆黑的房间，屋里的护窗板是关着的。这时，透过护窗板上的小洞照射进来的光线显得非常明亮。阳光照到墙上，出现了一幅五光十色的画面，画上有屋顶和树木，还有在院子里晾晒着的衣服。不过，这些东西都是倒着的。

假如你的房间里有一扇窗户是朝阳的，那么，就可以把这个房间变成一个物理实验仪器，这个仪器有一个形象的名字，叫做“黑房子”。在做实验的时候，需要找一块硬纸板挡住窗户，在纸板上挖一个小洞，还要在纸板上贴上黑色的纸。

选择一个晴朗的天气，把门窗都关紧，让房间变暗。然后，改用硬纸板挡住窗户，并在相距硬纸板上的小孔不远的前方，放上一张比较大的白纸，这就是我们的屏幕。透过硬纸板上的小孔，窗外的景物形成了一幅画，显示在白纸上，画上有树木、动物，楼房、行人，但这一切都是倒着的。也就是说，房子的屋顶在下面，树尖和人的脑袋也是这样……（图 1–28）

完成这个实验，你明白了什么道理呢？轻轻歪过头，静静思考，我们不难想到，光是沿着直线传播的。因此，物体上部分的光和物体下部分的光，在挡板的小孔中相遇后各自前行，只是上面的光往下走，而下面的光往上走，所以我们看到的景物是倒着的。如果光线不是沿着直线传播，而是可以任意扭曲变形，我们所看到的一切就不是这样了。

需要强调的是，小孔的形状并不会影响成像的结果。也就是说，无论小孔

图 1—28

是圆的还是方的，或者是不规则的图形，屏幕上出现的图像都是一样的。

公园里的苍天古树，阳光透过树叶之间的空隙后形成的太阳的像，太阳是圆形的，只稍稍拉长一些，这是因为太阳光斜射在地面上的缘故。其实，想得到正圆形的太阳光点也很容易，我们只要将一张纸放在太阳直射的地方就可以了。出现日食时，月亮将太阳遮盖成月牙，大树下的影像也是月牙形的。

现实生活中，有很多我们实验中的小黑房子，摄影师所用的照相机就是一个例子，只不过人们在照相机内设置了一个机关，能使成的像比较清晰，而且是正的。最重要、最关键的功臣，就是相机后面的毛玻璃。当然，在毛玻璃上成的像是倒立的。摄影师在查看图像的时候，会用黑布把照相机和自己蒙住，以此隔绝身边的光线产生的影响。

想自己动手做个照相机吗？其实也不难，我们可以做一个简易的照相机。首先，找一个长方形的箱子，在箱子的其中一个面上钻一个小孔；然后，把小孔对面的纸板拆掉，贴上一张油纸，这张油纸类似于照相机的毛玻璃。我们走进一个昏暗的房间，将做好的照相机对着挡住窗户的硬板上面的小孔。这时，我们就能看到油纸上清晰呈现出了窗外的景物。不过，景物还是倒立的。

我们手制的相机还是有好处的，它可以取代昏暗的房间。将它拿到户外的任何地方后，只有用黑布蒙住自己的脑袋和相机，就可以隔绝周围的光线了。这样一来，可以清楚地看见油纸上成的像。

1.21 眼睛成像的秘密

上一节我们讲述了如何制作“黑房间”，那么，你知道吗？每个人身上都有一对现成的黑房间，那就是我们的眼睛。其实，眼睛的结构跟我们所做的黑箱子的构造是一样的。眼睛中最重要的部分是瞳孔，它不是黑色的圆片，而是一个小洞，通往视觉器官的内部。在这个小洞的外面，有一层薄薄的膜包裹着，膜的下面是一种胶状的透明物质。在瞳孔的后面，就是透明的晶状体，形状类似于我们生活中经常看到的双面凸透镜。从晶状体到眼球后壁的这一部分，是由透明的物质填充的，用来成像（图 1−29 显示的是眼睛的纵切面）。眼睛的这种构造有助于成像，可以使成的像更加清楚、明亮。在我们的眼中成的像是非常小的，举个例子解说一下：在距离我们20米的地方，有一根 8 米高的电线杆，在我们眼睛里成的像的高度只有 5 毫米。

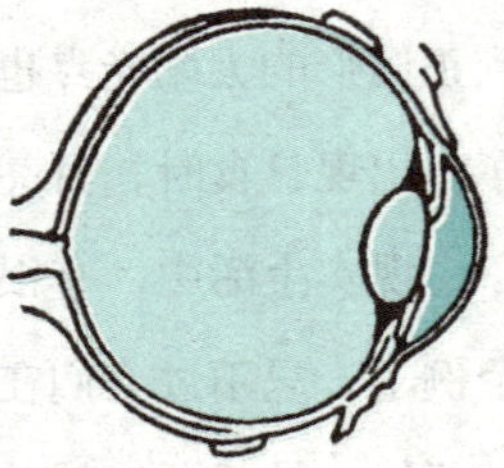
图 1−29

令人惊奇的是，虽然眼睛成像的原理和黑房子相同，也是倒立的像，但我们看到的却是正着的物体。这种旋转发生的原因是：由于长期的习惯，我们的眼睛会把看到的物体自动翻转，所以我们看到的是物体的正常状态。

是不是很深奥？我们还是用一个实验来验证一下吧。假如我们想让眼睛的底部出现一个正立的图像，那是不可能的。不过，由于我们已经习惯把看到的一切图像都进行旋转，就算在实验中也不会有所改变，所以我们看到的就不是正放的，而是颠倒过来的一切。所以在验证之前，我们必须承认眼睛的这种习惯的本能。

如果你还是有所怀疑，那么还有一个实验可以更清楚地证明这一点。首先，找到一张明信片和一根大头针，用针在明信片上扎一个小洞；然后，把卡片放

图 1—30

在距离眼睛 10 厘米的地方，而且正对着窗户；最后，在明信片和眼睛之间举起一枚大头针，针帽对着明信片上的小洞。这时，我们所看到的大头针好像躲藏在小孔的后面，并且是颠倒的了（图 1—30）。当你把大头针稍稍往右移动的时候，眼睛里看到的图像却是往左移动的。

这时，大头针在眼睛里成的像是正立的，而不是通常情况下的倒立。在这个实验中，起到光源这一重要作用的是卡片上的小孔，由这个小孔来的光线把大头针的影子投射到瞳孔上小孔的像会在眼睛的后壁上形成一个圆形的光斑，上面有一个黑色的轮廓，这就是大头针正立的影像。由于我们只能由卡片的小孔看到卡片前面的大头针，而且还是倒立的，那是因为我们养成的习惯难以改变，这个习惯就是自然而然地将一切视觉上的形象进行翻转。

1.22 磁针

我们曾经轻易地让一枚缝衣针像小鱼一样漂浮在水面上，现在更可以运用自己的知识，来做一些更加有趣的实验。

我们都知道磁铁，也知道磁铁的形状多种多样，在下面这个实验中，我们需要的只是一块很普通的马蹄形磁铁。首先，在盛水的盘子上放一枚缝衣针，接着把磁铁靠近盘子，由于它强大的引力，缝衣针根本无法抗拒，不由自主的向磁铁靠近。如果我们先用磁铁的一端，沿着同一个方向摩擦缝衣针几次，然后再进行上面的实验，效果会更明显。因为这时的缝衣针已经有了磁性，就像是一个小小的磁铁，即使把普通的铁块靠近盘子，缝衣针也会游向铁块。

有了带有磁性的缝衣针，我们可以轻易完成很多有趣的小实验，比如指南针。把有磁性的缝衣针放在水面上，什么事情都不用做，只要静静地观察就可以了。这时，你会看到水面上的磁针固定地由北指向南，就像是一个指南针。转动装载着缝衣针的盘子，我们会发现磁针没有改变原来的指向，还是一头朝北，一头朝南。如果我们用磁铁的一端靠近磁针的一头，磁针可能会被吸引，也可能被排斥；用磁铁的另一端再次靠近磁针的这一头，会出现和上面相反的情况。这就是我们熟知的两块磁铁的相互作用：同极——也就是南极和南极，北极和北极，它们是互相排斥的；而异极——也就是南极和北极，它们会互相吸引。

依据磁针运动的原理，我们来制作一艘简单的纸船，让藏在船舱里的磁针发挥作用。这个实验会让不明底细的同学们惊讶万分：首先，在手中藏好一块磁铁，注意不要让同学们发现；然后，在不碰触纸船的情况下，只依靠手势，就可以让纸船运动起来。

1.23 磁性马戏团

对于马戏团大家都不陌生，演员的表演可以带给我们欢乐，让我们放松心情，享受生活。下面，我们自己动手制作一个特殊的马戏团，将手中的纸人变成会表演的演员。

首先，找来一些硬纸板，制作出马戏团的剧场；然后，在剧场的下面拉上一根铁丝，舞台上方则固定好一个马蹄铁。这样一来，简单的剧场就制作成功了，下面就是裁剪杂技演员。

用纸剪出几个不同姿势的杂技演员，在每个演员的身后粘上一根磁针，磁针的长度大约和演员的身高相等。

图 1—31

将这些杂技演员放在铁丝上，由于身后的磁针受到舞台上方磁铁的吸引，使得它们不但不会跌倒，还会奇迹般地站立起来。轻轻地拉动一下铁丝，这些杂技演员就宛如有了生命，慢慢地运动起来，左摇右摆，活灵活现，而且绝对不会失去平衡摔倒在地（图 1—31）。

1.24 带电梳子

很多人误以为懂得很多知识才能进行实验，其实并非如此，即使你一点也不了解电学知识，还是可以进行一系列的电学实验的，以助于我们今后熟知这个自然界。

冬天是做这些电学实验最好的季节。这时，房间里温暖柔和，而且由于取暖等设施让空气比夏天同等温度的空气干燥很多，可以使电学实验更加顺利地完成。

我们先做一个最为简单的实验吧，或许很多朋友在很小的时候就做过，那就是摩擦起电。用一把很普通的梳子，要保证表面的干燥，然后顺着干头发梳

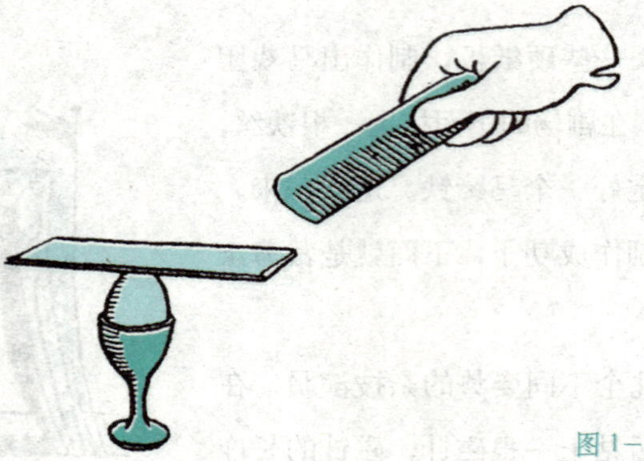

图 1-32

下来。如果你待的房间不但温暖，而且安静，就会听到梳头的时候梳子发出的噼啪声。这说明梳子通过与头发的摩擦，起了反应，带上了电。

其实，除了头发之外，梳子还可以和其他的物体摩擦起电。用一块干燥的毛毯来摩擦梳子，也可以让梳子带上电，比梳头发所产生的电量要大得多。如何检验梳子带上了电呢？最简单的方法就是，拿着梳子靠近一些非常轻的东西，例如碎纸屑、小布条、小果核等，带电的梳子可以把这些东西吸引到自己身上。

如果你的兴致很高，可以折出几艘纸船，把这些船放在水里，用带电的梳子来指挥它们前进，这样的成就感会不会更高一些？如果你想实验更加神奇，还有一个方法，将一枚鸡蛋放在干燥的小酒杯里，在鸡蛋的上面横着放一根长尺，一定要使尺子保持平衡，不能晃动；然后，用手拿着带电的梳子慢慢靠近尺子的一端，尺子就会神奇地转动起来（图 1-32）。而且，你可以用梳子控制尺子的转动，向左，向右，原地转圈圈。

1.25 转动的鸡蛋

如果你认为只有梳子可以摩擦起电的话，那就大错特错了，其他物体同样也具备这种特性。如果用火漆棒在绒布上摩擦，火漆棒就带上了电；在一个非常干燥的环境里，用干丝绸摩擦玻璃棒，丝绸也会带电，等等。

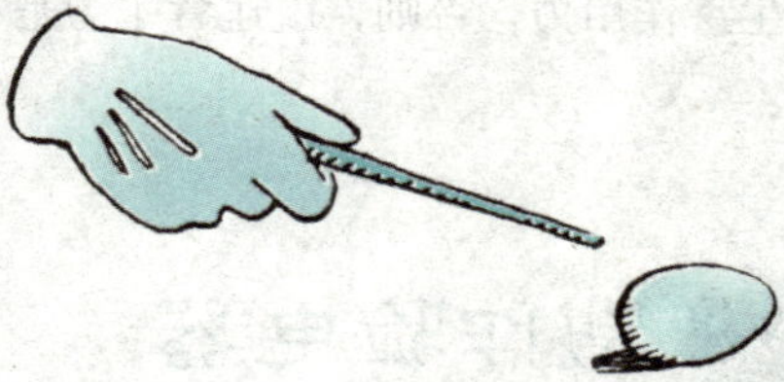
图 1—33

现在，我们再来做一个关于摩擦起电的很有趣的实验。知道如何将鸡蛋里面的蛋清和蛋黄倒出来吗？很简单，在鸡蛋的两端各钻一个小洞，对着其中一端的小洞吹气，蛋清和蛋黄就会从另一端跑出来。我们用蜂蜡将蛋壳上的两个小洞封住，接着把它放在光滑的桌子上，用带电的木棒靠近空蛋壳，蛋壳就会转动起来（图 1—33）。当你做这个实验（这个实验是著名科学家法拉第想出来的）的时候，如果周围的人不知道这是一个空蛋壳，一定会觉得非常神奇，而且百思不得其解，为什么小木棒能让鸡蛋转起来。其实，只要是很轻的物体，比如纸环、轻的小球，就会受到带电木棒的指挥，旋转起来。

1.26 力的作用是相互的

几乎所有的物理学家都认为，世界上是不存在单方面引力的，甚至根本就不可能存在单方面的作用力。因为只要是力，它的作用就是相互的。就拿前面的例子来说，在木棒对鸡蛋产生引力的同时，鸡蛋也吸引着木棒。如果你不信，我们用一个很简单的方法就可以验证出来。用丝线把木棒吊起来，让它可以自由地转动。

这个时候，你就能够轻易地发现，即使是不带电的物体也可以对木棒产生引力，让木棒转动起来。

这种现象，在自然界中是相当普遍的，随时随地都可以看到、观察到。在自然界中，力的作用是相互的，是两个力的相互作用，这是一条亘古不变的真理。也就是说，根本不存在单方面的作用力，受力的物体不可能不对施力物体产生反作用力，否则，就违背了力是相互的这一真理。

1.27 制作验电器

你若是很喜欢做实验的话，我们可以利用系在丝线上的带电梳子做另外一个实验。我们已经知道，任何靠近梳子的物体都会产生引力，那么，如果另外一个带电的物体靠近它，又会发生什么有趣的现象呢？实验后可以得知，两个带电物体之间的相互作用不是一种，而是两种。如果靠近梳子的是带电的玻璃棒，那么它们会互相吸引；如果靠近梳子的是火漆棒或者另一把带电梳子，它们则会相互排斥。

这种现象可以用一个物理定律来解释，那就是：异电相吸，同电相斥。因为塑料或者火漆棒所带的电是负电，而玻璃所带的电是正电，所以用带着正电的玻璃棒去靠近带着负电的梳子时会相互吸引，而用带着负电的火漆棒或者梳子去靠近同样带着负电的梳子时会相互排斥。根据两个带有同种电荷的物体相互排斥的原理，人们制造了验电器这种仪器。

我们可以自己动手制作一个简单的验电器。首先，找一个能够塞住玻璃瓶瓶口的软木塞，用一根芯线穿过软木塞的中心，芯线的一头在软木塞外面少许；然后，另一端用石蜡固定两片金属的薄片，放到瓶子里；最后，用软木塞盖紧瓶口，用火漆封严实。这样一来，就制成了一个简单的验电器（图 1–34）。这时，只要用带电的物体靠近瓶盖外面的芯线，这个带电物体通过感应使金属片感应出与带电物体同种电荷，由于两片金属片带的是同一种电荷，所以它们会相互排斥。反之亦然。所以如果靠近芯线的物体是带电的，瓶中的两个金属片就会分开。

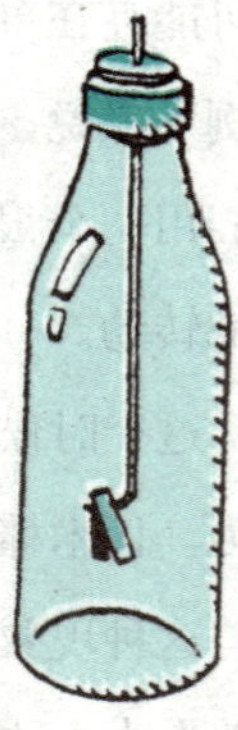

图 1–34

如果你的材料不够，或者觉得这个方法还是很麻烦，那么我来教你制作一个更简易的验电器。虽然这个验电器不是很灵敏，但是用来验电，还是绰绰有余的。找来一根小棒，在上面系上两个用接骨木的木髓做成的小球。需要注意的是，两个小球可以相互碰撞。现在，验电器就制作完成了（图 1–35 左）。如果要检验的物体是带电的，当它靠近其中的一个小球时，这个小球就会排斥另一个小球；如果要检验的物体不带电，就不会出现这种现象。

图 1–35

我们还可以制作第三种验电器。把大头针扎在瓶口的软木塞上，在大头针的顶上放上对折后的锡纸。实验方法跟上面的相同，带电的物体靠近大头针时，合在一起的锡纸就会分开（图 1–35 右）。

1.28 电的显著特点

日常生活中，我们离不开电，所以我们也有必要多了解一些电的特性。现在，我们用自制的简单仪器，来证明电的一个显著特点：那就是只有物体的表面能够聚集电，而且是物体的凸出部分。

首先，找来一盒火柴，用火漆把两根火柴垂直地固定在火柴盒的两侧做成一个基座；然后，剪一张纸条，纸条的宽度大约是一根火柴的高度，长度是宽度的三倍；接着，在纸条的两面各贴上三四张用锡纸剪出来的小纸片；最后，把纸条的两端分别粘在火柴基座的两根火柴上。

下面，我们用这个仪器来验证一下，电是不是聚集在物体凸出来的部分。

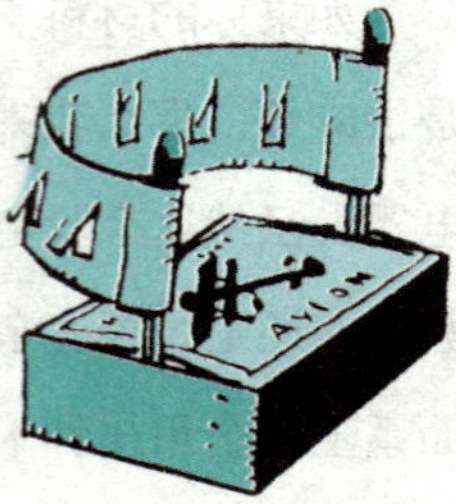

图 1–36

把纸条拉直后，把带着电的火漆棒靠近纸条，火漆棒上的电荷会使纸条和纸条上面的锡纸产生静电感应。这时，我们会发现，纸条两面的锡纸都翘起来了（图1–36）。如果我们改变一下基座，使纸条一边凸出来，形成一个弧形，然后再用带电的物体靠近纸条。我们会发现，只有凸出来的锡纸翘起来了，而凹进去的锡纸还是保持着下垂的姿态。也就是说，只有物体凸出来的部分可以聚集电荷。如果我们把纸条折成“S”形，电荷还是聚集在凸出的部分。

第2章

和报纸有关的实验

2.1 变重的报纸

“现在我要宣布一件事情！”哥哥拍拍身边的暖气片，很严肃地对我说，“我决定今天晚上我们做几个电学实验！”

“新的实验吗？天啊！”我激动得差点跳起来，“什么时候开始做呢？现在？就现在好不好？”

“欲速则不达！”哥哥眯着眼睛，认真地摇了摇头，“实验要等到晚上才可以做，现在我得出去一下。”

“是去拿机器吗？”

“机器？什么机器？”

“当然是发电的机器啊！”我着急地说，“我们做实验不是要用发电的仪器吗？你难道忘了？”

“当然不会忘，我已经把实验需要的仪器都准备好了，放在我的背包里！”哥哥上下打量我，马上猜出了我的心思，笑着说，“你什么都找不到，不要随便翻我的包啊！”

“那么，仪器放好了吗？”

“放好了，放心吧！”哥哥说完，大踏步地走出了家门。

望着哥哥的背影，我脸上立刻涌出了兴奋的笑容，因为我看到哥哥装有实验仪器的背包就放在前厅的桌子上。

在物理实验中，我们经常用到的工具就是磁铁，如果那个背包摇身变成变成磁铁的话，我就是无法抗拒其引力的铁块。我控制不了自己的思想和意识，如果叫我一下午面对着它发呆，而不做点什么的话，我想我会疯掉的。我用最快地速度，冲到了背包面前。

背包是扁平的，很奇怪！若是真的装了发电器，不可能是这个形状啊！书包没有上锁，我激动得手指都有些发抖，小心翼翼地打开，里面有一个用报纸包着的东西，不是发电器，不是任何仪器，只是几本再普通不过的书。仔细寻找了好几遍，悲哀的是，除了这几本书，再也没有任何东西了。面对背包与书本，我的心慢慢地往下沉，沉到一个黑洞里，我就知道哥哥是在跟我开玩笑的，发电器怎么可能放在背包里，让我空欢喜一场。

时间一分一秒地流逝，哥哥两手空空回来的时候，我还是一脸沮丧地坐在沙发上。看到我的表情，哥哥立刻明白了原因，他勾着嘴角，笑着问我："看来你已经观察过我的书包了，感受如何？"

"你骗人，发电器根本不在里面！"

"怎么会，你仔细看过了？"

"里面只有书，哪里有发电器！"

哥哥靠在桌子上，双手环胸，好脾气地凝视着我："发电器的确就在里面，你没好好看吧。还有，你是用什么看的？"

"还能用什么？当然是眼睛了！"

"就知道你用眼睛，而不是用心、用脑子看！"哥哥语重心长地说，"世界上很多事情仅仅用眼睛是看不到真相的，我们更需要用脑子来看！"

"要怎么用脑子看？"我败下阵来，口气不是那么懊恼了。

"我来教教你吧，眼睛和脑子看东西的区别！"

哥哥从背包里拿出铅笔和白纸，用很快的速度画好了一幅图（图 2–1 左），然后他看看我说："我们可以将图上双线条的地方当作是铁轨，单线条的地方当作公路。现在，你仔细地观察这幅图，你觉得 1 到 2 这条铁轨长呢，还是 1 到 3 这条铁轨长？"

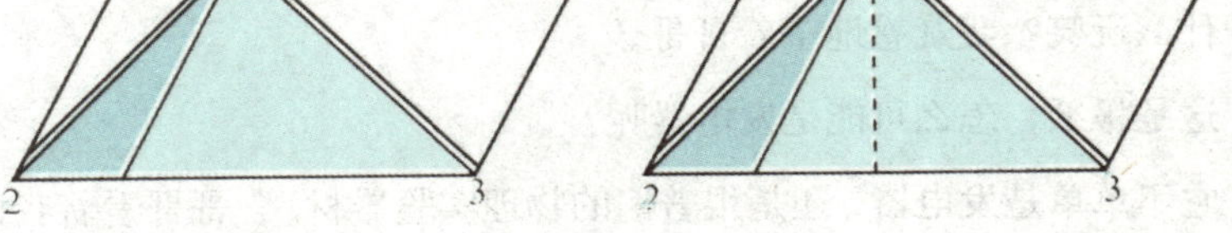

图 2–1

“这太简单了，肯定是1到3的这条长！”我不假思索地回答。

“你确定？”

“嗯！”

哥哥笑了，笑得有些无奈。

“这就是你用眼睛看到的结果，现在你换做用心，用脑子来观察下！”

“什么？”我怔了怔，望着哥哥，一时不懂他的意思，“那要怎么看？我不会！”

“用脑子看是这样的！我们从点1作一条垂直于2–3这条公路的直线！”哥哥一边说，一边在纸上画了一条虚线（图2–1右），“现在，你看看这条公路被分成了几部分？”

“相等的两个部分啊！”

“很正确，是相等的两部分。这说明，虚线上的任意一点，到2这点的距离等于到3这点的距离。现在，你还坚持刚才的看法吗？1到2近，还是到3近？”

“刚才看起来，右边的铁路是比左边的长，但是现在已经很明显了，到2和到3的距离相等。”

“原先用眼睛看，现在是用脑子看！”哥哥笑着说，“现在知道这两者之间的区别了吧？”

“明白了！”我点头，还是念念不忘心里盘算的事情，“仪器到底在哪里呢？”

“什么仪器？哦，你是说发电器，就在背包里，原封未动，你之所以没有发现，就是因为你没有学会用脑子来看。”

哥哥从背包里拿出那包书，小心翼翼地将纸包打开，接着把报纸递给我说：“瞧，这不就是我们的发电器吗？”

开什么玩笑？我疑惑地望着哥哥。

“这是报纸，怎么可能是发电器呢？”

“它不单单是发电器，还是很普遍的物理实验器材。”哥哥看着我说，“报纸拿在手里很轻，你一定会觉得随时随地，用一根手指都能将它举起来。可是，事实并非如此，就是这张报纸，它会变得非常非常重，把那根画图尺子给我。”

“这把尺子有缺口，不能用了！”

“这样才更合适，弄坏了也不心疼！”

在我目瞪口呆的时候，哥哥已经把尺子放到了桌子上，其中一部分露出桌子外面。

“试着碰一碰露出的部分，尺子是不是很容易就倾斜了？等我用报纸盖上没露出的部分后，你再试试，看看尺子会不会倾斜？”

哥哥把报纸摊开放到桌子上，展平后把它盖在尺子上面，然后递给我一个小木棒，说道：“快速击打尺子露出的部分，用尽全力去击打！”

“我要是用全力，报纸和尺子都会飞到天花板上去，难道你今天就想叫我看天女散花吗？”

“别多问了，结果肯定出乎你的意料之外！”哥哥笑呵呵地说。

我用尽全力敲打下去，结果真的出乎了我的意料。木棒打在尺子上，发出一声清脆的响声，尺子便随之断裂了，而报纸仍然宛似泰山一样，盖着桌子上那部分断尺，纹丝不动。

“怎么样？报纸比你想象的要重得多吧？”哥哥笑着说。

我看着断尺和报纸，一时间不知道该说些什么才好。

“这是什么实验？电学实验吗？我不懂！”

“这是实验，但不是电学实验。我只是想告诉你，报纸的确可以当作物理实验器材。”

“哥哥，为什么报纸不会离开尺子，你看，我用手不是可以轻轻松松地拿起来吗？”

“你问到了这个实验的关键之处。空气对报纸有压力，这种压力要比你想象的大得多，每平方厘米的报纸大约承受一千克的压力。当我们用木棒去击打尺子露出来的那一部分时，尺子的另一部分会对报纸产生向上的压力，导致报纸被抬起来一点点。如果击打的速度比较慢，空气就会从缝隙中进入报纸的下面，使报纸上下受到的力相同。可是，刚才你击打的速度非常快，报纸的中间稍稍被抬起，但边缘依旧紧紧贴着桌子，空气来不及进入报纸的下面。这时候，你要抬起的不仅仅是一张报纸，还有报纸上方空气的重量。”

“那么，空气究竟有多重呢？”

“报纸的面积有多少平方厘米，它上面的空气就有多少千克。假如报纸的面积只有16平方厘米，那么，空气对它的压力就是16千克。不过，我们选择的这张报纸大得多，大约有50平方厘米，所以你需要抬起的重量大约是50千克。由于尺子无法承受这么大的重量，所以就断开了。”

“哦，原来如此，看来报纸真的可以做物理实验呢！”

“明白就好，等晚上天黑了，我们来做电学实验吧，相信你会更加感兴趣！”

2.2 从手指上的火花到山上的电能

哥哥会做很多有趣的实验，让我由衷敬佩的同时也愿意追随其身后，想明白更多的道理。今天他答应我天黑会带我做电学实验的，所以吃过晚饭后，我早早来到了哥哥的房间，他看着我，了然于心。

还好，哥哥并没有卖关子，没多久的时候就开始带我做实验了。他的一只手拿了一把衣服刷，另一只手将报纸按在烘热炉子上，然后哥哥摇身一变，成了油漆匠，开始用刷子刷报纸，动作很熟练。

“你看！”哥哥说着，将手从报纸上拿开，我以为报纸会随之掉到地上，谁知道，它却奇迹般地贴在了炉子光滑的瓷砖上，好像粘在上面一样。

“怎么会这样，你并没有涂胶水啊！”

“是电将报纸粘住的啊！”哥哥得意地说，“报纸带上电后，炉子就能把它吸引住了！”

“怎么会呢？背包里的报纸怎么会有电呢？”

“它本来是没有电的，但是刚才经过我用干刷子反复摩擦，它才有了电。”

“难道这就是你说的电学实验？”

“对，这还是刚开始呢？现在，你把灯关了！”

我听话地依言而做，黑暗中，我隐约看到哥哥的身影，还看见了白色壁炉上的灰色斑点。

“跟我来！”

哥哥把报纸从壁炉上拿了下来，用一只手托着，另一只手上的手指张开，慢慢地靠近了报纸。接着，我张大眼睛，整个人都傻掉了，我简直不敢相信自己看到的一切，哥哥的手指上出现了长长的蓝白色的火花。

“这是电火花！”哥哥微笑地凝视着我，“怎么样，要不要试一试呢？”

我急忙把两只手放到背后藏好，说什么都不敢去尝试，手指上跳跃的火花，天啊！那该多痛。哥哥明白了我的心思，他的笑容更深了，重新将报纸贴在壁炉上，用刷子刷了几下，手指上又开始闪耀着长长的火花，我发现，他的手指并没有碰到报纸，而且离报纸还有好几厘米。

“试试好不好，并不可怕！而且一点都不痛！来，把手给我！”他抓起我的手，把我拽到壁炉前，“手指张开……对了，就是这样！怎么样，不痛吧？”

我还不明白是怎么回事，蓝色的火花就在我的手指上出现了。在火花里，我清楚地看见哥哥把一半报纸拿起来，另一半还在壁炉上粘着。当手指上出现火花的时候，只有微微的刺痛感，没有其他的感受，更没有我想象的那么可怕。

“再来一次好不好？”我主动问哥哥。

于是，哥哥把报纸重新贴回壁炉上，直接用手掌去摩擦。吓了我一跳，哥哥却微笑地摇头，告诉我只要手是干的，不用刷子摩擦也是可以的。我将信将疑，而事实证明哥哥说的是对的，我的手再次迸出了火花，和上次的一模一样。

等我看完了火花，问哥哥还有没有更惊奇的，哥哥笑着说我贪心，但他还是做了电流实验给我看，说这是哥伦布和麦哲伦在轮船桅杆顶端看到的现象。

我们都知道，这两个人是著名的航海家和探险家，他们一生所钟爱的全部都聚集在轮船上，而桅杆似乎亦成了生活中不可缺少的一部分。

我看到哥哥用水把剪刀弄湿，然后把壁炉上的报纸取下来。在黑暗中，哥哥将剪刀的尖头慢慢地靠近报纸，在剪刀距离报纸还有一定的距离的时候，一条蓝红色的光线从剪刀尖头的顶端射出来，还伴随着轻微的嗞嗞声。

“这就是电火花，只不过实际的要大得多。在桅杆和横桁上，水手们经常会看到电火花，称之为‘圣艾尔摩之火[①]’。”

“它们是怎么来的呢？是谁将带电的报纸举在桅杆上面的。”

“傻瓜，那里怎么会有带电的报纸！”哥哥笑着对我说，“那里有的是带电的云，作用和报纸一样。当它们轻轻地从桅杆上方飘过的时候，就会发生这种现象，你千万不要认为只有海上才会出现电火花，在山上也经常看到。凯撒曾经描述过这样的场景：在一个有云的夜晚，在一个手下士兵拿着的刺刀尖头上，就迸射出了这样的火花。当然，水手和士兵不仅不怕电火花，还认为电火花是好的征兆。某些时候，山上的人身上也会迸射出这样的电火花，只有是露在外面的部分就有可能，例如头发、帽子、耳朵，等等。而且，还会出现嗡嗡的声音，类似于刚才剪刀发出的声音。”

“这样的电火花会伤害到人吗？”

“当然不会。虽然这是电火花，但毕竟不是火，而是一种冷光，它的热量非常小，甚至点不着一根火柴，所以没有破坏性。”

“真的？”

“当然，不信我们验证一下。我们用火柴来代替剪刀，可以看见火柴头周围的电火花，但它无法把火柴点燃。”

“我觉得火柴在燃烧，火柴头上面不是有火苗正在跳跃吗？”

“那你去将灯打开，自己验证一下吧！”

---

①这个名字起源于3世纪，以海员们的守护圣人圣艾尔摩的名字命名的。自古以来，在海上航行的海员就能够观察到这种现象，早期的人们在暴雨中看到船桅上发出的光，认为是守护圣人显灵了，因此得名。

我迅速打开灯，火柴不仅完好无损，就连火柴头都是凉的，看来哥哥说的是事实，这种电火花只是冷光，不是什么火苗。我想去关灯，哥哥阻止了我。

“不用了，下一个实验我们需要灯光。”

哥哥将椅子挪到房屋的中间，很有耐心地试了几次，才将一个木棒平衡地放在了椅背上。虽然木棒只有一个地方和椅背接触着，但木棒始终没有掉下来。

“它那么长，居然还可以这样放。”

“就是因为长，才可以这样来放。若换成了铅笔，或者短的木棒，就不行了。”哥哥看着我说，“现在你想想，有什么办法可以不碰木棒，让它转到你这边来呢？”

我怔了一下，又想了一会儿，才低低地说：“可以在木棒的一头套个绳环。”

“没有绳子，也不能碰到木棒，有没有办法？”

“哦，我想到了！”我把自己的脸靠近木棒，开始拼命地吹气，想将木棒吹过去。谁知道它好像泰山一样，纹丝不动，看来我这点风不够。

“动都不动，这怎么可能做到呢。”

“做不到吗？那你仔细看吧。”

说完，哥哥把贴在壁炉瓷砖上的报纸取下来，让它慢慢地靠近木棒的一侧，当报纸距离木棒大约是半米时，木棒像是有了活力，摇身变成一个听话的小孩子，开始朝报纸的方向转动。哥哥手里拿着报纸，指挥着木棒的转动，向左、向右，不停地改变方向。

“现在知道了吧，带了电的报纸对木棒有很强的吸引力，促使木棒跟着报纸移动，一直到报纸上的电全部跑到空气里，报纸不带电时为止。”

“到了夏天，壁炉是冷的了，我们就不能做这个实验了，对不对？”我问哥哥。

“要想做成功这个实验，使用的报纸必须是完全干燥的。不过，由于报纸容易吸收空气中的湿气，所以平时总是潮湿的，才要用壁炉将报纸烘干。夏天也可以做这个实验，只是效果不太好，因为夏天的空气不如冬天的干燥。”

“那要怎么做呢？”

“夏天的时候，我们可以选择厨房里的炉灶。做完饭之后，等到炉灶冷却到不会灼烧报纸时，将报纸放到炉灶上烘干。然后把烘干的报纸摊在干燥的桌子上，用刷子摩擦，这时报纸就带电了，只是不如贴在壁炉的瓷砖上的效果好。”

哥哥站起身子，看着我说：“好了，今天到此为止，明天我们继续！”

“还是电学实验吗？”

“对，还是报纸的实验！”哥哥大声说，“你来看看这本有趣的书，讲述了法国著名自然科学家索绪尔经历的‘圣艾尔摩之火’事件。1867 年，索绪尔和同伴们到达了海拔 3000 多米的萨尔勒山峰，经历了一些有趣的事情。”

哥哥把弗拉马里翁写的《大气》从书架上拿下来，将它翻开，给我看：

索绪尔和同伴到达山顶后，放下用铁皮包着的木棍，就打算吃饭了。这时，索绪尔的肩上和后背传来一阵阵的刺痛，就好像是针扎一样。后来，索绪尔回忆时说：“我觉得可能有针掉到披风里了，所以就脱下来找。不过，此时的情况更糟了，整个肩膀和后背都疼起来了。而且，还非常的痒，像是有无数的蜜蜂在皮肤上爬行，不断地扎我。接着，我把里面的大衣脱掉，还是没有找到任何扎我的东西。疼痛还在加剧，后背像是被灼烧。这时，我发现身上的毛背心被烧着了，打算立刻脱掉，突然听到了嗡嗡的声音。我发现，响声是从我们放在山岩上的木棍中发出的，就像是水被加热快要沸腾的时候一样，这种现象大约持续了五分钟的时间。

我突然明白了，山上的电流通过木棍外面的铁皮传到了我的身上，引起了我的疼痛。由于是白天，所以无法看见棍子上的电火光。而且，不管把棍子垂直着放，还是水平拿着，它都会发出嗡嗡的声音。只有把木棍放到地面上的时候，才不会发出这种声音，也没有其他的声音。

几分钟后，我的头发和长长的胡子都翘起来了，脸上一阵不舒服，就像是有人拿着一把干燥的剃须刀在我脸上胡乱地刮着。同时，一位年轻的同伴也出现了类似的情况，小胡子不仅翘了起来，耳朵上面还出现了嗞嗞的响声，吓得他惊叫起来，不知道这是怎么回事。我把手高高的举起，电流就从手指上射了出去。电流通过露出来的地方往外迸射，棍子、衣服、耳朵、头发都不可避免。

我们匆匆忙忙离开山顶往下走，随着高度的降低，棍子发出的声音也变弱了了。后来，把耳朵贴在木棍上，才能听到一点儿声音。

这是索绪尔亲身经历的事情，书中还有其他的故事，也与“圣艾尔摩之火”相关。

当多云的时候，如果山顶到云朵的距离非常近，在凸起的山岩上就会出现电荷。

在1863年10月的某一天，瓦特康和其他几位游客去攀登瑞士的少女峰。早晨的天气非常好，当他们快要达到峰顶的时候，突然刮起了一阵大风，里面还夹杂着冰雹。打了一个响雷后，瓦特康听到棍子上发出嗞嗞的声音，就像烧开水时热水器发出的声音。这时，其他的游客发现，自己随身带着的杆尺或者斧头也发出了同样的声音，而且持续不断。只有把杆尺或者斧头的一端插入地面里，声音才会停止。有位游客把帽子摘了下来，头发马上就竖起来了，吓得他嚷嚷起来。他的头发一根根地竖了起来，这就是带上电后的现象。所有的人都觉得不舒服，脸上和身上充满了刺痛感。瓦特康的头发也竖起来了，把手伸出来，就会有电流通过手指的顶端，伴随着嘶嘶的声音。

2.3 跳舞的纸人——蛇——头发竖起

哥哥是个信守承诺的人，第二天天刚黑，他就开始带我一起做实验了。他先将报纸粘到壁炉上，然后找来了一张比报纸厚一些的作业纸，用它剪出了许多千姿百态，又好笑、又有趣的纸人。

“我会让这些纸人跳舞，来，把大头针给我，你要集中注意力了！”

哥哥用大头针固定好纸人的脚，再放到茶托上，然后神秘地对我一笑，我的心立刻飞扬起来，充满了兴奋与好奇。随着哥哥宣布表演开始，我看到哥哥将壁炉上的报纸撕下来，用两只手水平端着，慢慢移动到纸人的上方。

“起！”哥哥像念咒语一样，而那些小纸人就像是被施了魔法，乖乖站了起来，宛如一个个站岗的小卫士，直到哥哥将报纸移开，它们又倒了下去。可是，哥哥终究不改调皮的本性，一会把报纸移近，一会把报纸移远，小人就只能跟着站起来，接着又倒下，那场面真的很好笑（图 2–2）。

“你知道大头针的作用吗？它们增加了纸人的重量，不让纸人被报纸吸引

图 2–2

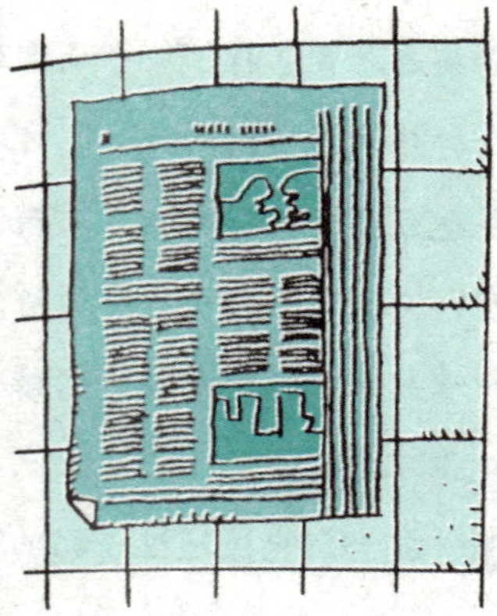

图 2–3

过来。如果把大头针去掉，纸人就会被报纸吸引，贴到报纸上。”说着，哥哥便拔掉了几个纸人身上的大头针，那些纸人立刻失去了重心，贴到报纸上，“这就是静电的引力在起作用。下面，我们做一个静电斥力的实验。”

“嗯！”

“咦，剪刀在哪里？”

我把剪刀递个哥哥，想看看哥哥又要演示什么稀奇的实验来，只见哥哥重新将报纸粘到壁炉上，又把报纸的一边，剪出长长的细细的纸条来，但没有剪到头。如此这般，剪出一些纸须，跟所有朋友想的一样，它并没有从壁炉上滑下来，依旧贴附在那里（图 2–3）。哥哥用一只手固定住纸须的上端，用刷子沿着纸须刷了好几下，接着把纸须从壁炉上拿下来，用手指捏住纸须的上端，就像图 2–4 中显示的那样。

图 2–4

这时，我们会发现，纸条不是自然地向下垂落着，而是彼此之间相互排斥，向着周围散开了。

哥哥对我解释说："由于纸条带的是同一种电荷，所以它们会互相排斥。当纸条靠近不带电的物体时，它们就会被吸引。不信，你将手从下面放到纸条的空隙中，纸条就会粘到你的手上去。"

我听话地将手从纸条中间的空隙伸进去，试图在这里占据一块天地，可是我并没有成功，纸条像防御力极强的游蛇，缠到我的手上来，有点麻痒，我笑出声来，哥哥注视着我："不怕？"

我摇头。

"我可害怕，你是还不清楚它们有多可怕！"哥哥将纸条举到头顶上，我看到他的头发受到纸条的吸引，都竖了起来。

"这个实验跟刚才的原理一样，只是换个方式表达出来而已。报纸使头发带上了电，头发一方面受到报纸的吸引，一方面相互排斥，就像是刚才的纸须那样。"哥哥说，"去，把镜子拿来，让你见识下自己的头发是怎么竖起来的。"

我依言而做，望着镜子中，自己的头发在报纸下面一根根地朝上竖立着，可是却一点也感觉不到疼痛，甚至连痒的感觉都没有。我微笑，哥哥亦微笑，在笑声中我们结束了今天的实验。

而且，我们还重复了昨天晚上的实验，我兴奋无比。在我强力的要求下，哥哥答应我，明天晚上继续带我做有趣的物理实验。

2.4 小闪电与大力士

之前的两天，在实验前，哥哥并没有做什么准备工作，而这次，他明显增加了准备环节。

首先，哥哥拿了三个水杯和一个托盘，分别放在壁炉旁烘了一会儿；然后，把托盘盖在了水杯上面。

“水杯不是应该在托盘的上面吗？你怎么弄颠倒了呢？”我好奇地追问。

“等着瞧，不要着急，做实验都要慢慢进行！”哥哥低声告诉我，然后开始制作“发电器”，跟前面的程序一样，把报纸放在壁炉上摩擦起电。接着，他把报纸进行了对折，再次放在壁炉上，用刷子刷。经过一系列程序后，他把壁炉上的报纸撕下来，在托盘上铺好。

“碰一下托盘，看看是不是有点冰？”

听哥哥如此说，我一点防范心都没有，直接摸到托盘上，我立刻感到有什么东西扎到我的手指里，吓得赶紧缩回来，看着大笑的哥哥，生气地说：“不是冰，是痛，还有点痒，你怎么陷害我呢？”

“这怎么会是陷害，我在帮你检验实验的结果。”哥哥说得理直气壮，“你是不是感觉到被闪电击打了一下，听到噼啪噼啪的声音了吗？这就是小闪电发出的声响！”

“我只感到痛，哪儿还有时间观察闪电。”

“我们关灯后，再来做这个实验，你就能够看到小闪电了！”

“可是，我再也不要碰托盘了。”我大声宣布。

“不必碰！你知道吗？只要用门钥匙或者茶匙都可以射出火花来，也不会有这种痛的感觉，并且火花会更长。”哥哥说，“我先来试试，让你的眼睛好好地适应一下。”

说完，哥哥就关了灯，房间里一片黑暗，我歪着头，寻觅哥哥的影子，我听到他用愉快的声音大声宣布着：“闪电要来了，注意看！”

话语间，噼啪声出现了，在托盘和钥匙之间跳动出现了半根火柴那么长的蓝白色火花，看上去非常清楚（图 2–5）。

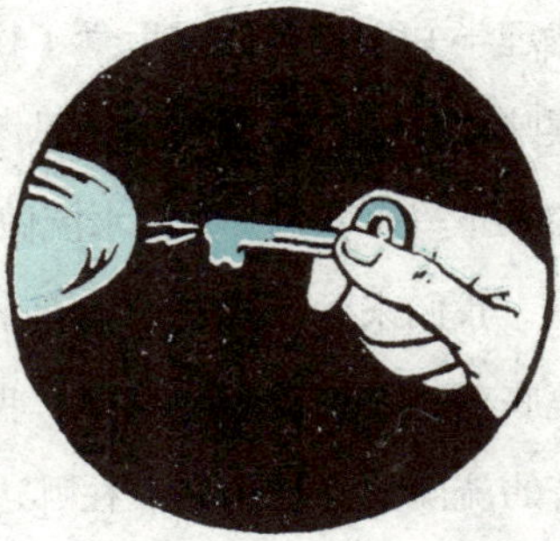

图 2–5

“怎么样？是不是有闪电，还有声音？”哥哥问。

“是的。可是，闪电和声音是同时出现的，而现实生活中，雷声要比闪电慢。”

“你说得对，我们总是先看到闪电，然后才能听到雷声。实际上，它们是同时出现的，跟我们实验里的情景是一样的。”

“可是，为什么雷声听起来要慢一些呢？”

“闪电是光，光的传播速度非常快，一瞬间可以通过非常远的距离。雷则是声音，在空气中它的传播速度要比光慢很多。因此，我们会先看到闪电，然后才能听到雷声。”

哥哥将手中的钥匙给我，又把报纸拿开。黑暗中，他的眼睛明亮而深邃，我已经完全适应了，所以当哥哥给我钥匙的时候，我知道他是想叫我尝试一下，可是没有报纸，闪电还会出来吗？

“为什么不自己试试呢？”哥哥看出了我的犹豫。

我点头，也想亲自尝试下，我手中的钥匙还没来得及靠近托盘的边缘，明亮的带着尾巴的火花已经迸射出来，我惊呼出声。哥哥微笑着把报纸放回托盘上，我再次引发了火花，但这次要比前两次弱很多。我想将报纸贴回壁炉，吸取点电，但是哥哥阻止了我，而是反复引发着火花，火花越来越弱，直到最后完全消失了。

“如果我用丝线或者绸条来做这个实验，火花持续的时间会更久。这些是物理学知识，等你以后学了物理，便会明白其中的道理，所以现在你只需要用眼睛观察，不需要用脑子思考为什么。”哥哥摸着我的头，低低地说，“我带你做下一个实验，要用水流做，我们去厨房好不好？报纸就在壁炉上烘着吧！”

我们来到了厨房，里面干净而整洁，哥哥打开了水龙头，水流击打在洗碗池底部，发出清脆的响声。我深呼吸，听到哥哥在询问我：“我要用手改变水流的流向，你想叫它们往哪边流呢？前面、后面，左面或者右面？”

“左边！”我想都没想就大声回答。

“好，你在这儿等着，我去将报纸拿来。”

哥哥是很聪明的人，为了使报纸上的电流失得最少，他把双手伸展到前面，不让报纸靠近身体。来到水龙头边上，哥哥将报纸放在水流的左侧，这时奇迹慢慢出现了，水流开始向左弯曲。哥哥把报纸拿开，水流恢复了原状。接着，哥哥把报纸放在水流的右侧，水流就弯向了右边。在我的惊呼声中，哥哥将报纸放到水流的前面，水流也跟着向前弯曲，有些水甚至溅到了外面。

“静电的引力是很大的，现在知道了吧。其实，不用壁炉或者炉灶，也可以完成这个实验。这时，我们需要用普通的橡胶梳子代替带电的报纸。”说完，哥哥从裤子口袋中掏出了一把梳子，在自己的头上梳了几下，“现在，这把梳子就已经带上电了！”

“哥哥，你的头发上没电吧？”

“是的，我们的头发都不带电。不过，用橡胶摩擦头发之后，橡胶就带上了电，就像用刷子摩擦报纸一样！现在，我们来看一下梳子带电的效果如何。”

哥哥把带电的梳子靠近水流，我看见水流弯曲了，欢呼起来。哥哥微笑地看着我，眼中也充满了愉悦，然后他跟我说：“接下来，我们要完成最后一个实验。不过，不能用梳子了，因为它的电量太小。我们可以选择报纸，而且这不是关于电的实验，而是关于气压的，和打断尺子的那个实验类似。”

我们回到房间，哥哥便开始忙不迭地剪报纸，然后小心翼翼地将剪好的报纸粘成一个小袋子。

“去拿三本厚点的书来，等胶水干了，我们就要用到的！”

为了更快进行实验，在等待胶水干的这段时间里，我去书架上找来了三本又重又厚的书，将它们放在桌子上，问哥哥：“这个行吗？”

“很好！”哥哥说，“你能用嘴将纸袋吹得鼓起来吗？”

“当然可以，就跟吹气球一样简单嘛！”

“的确，这是易如反掌的事情。如果我在上面，压上你找来的书呢？”

“原来这几本书是你用来刁难我的啊！”我叹息着嘟起嘴，“不管我怎么使劲儿，也是无法完成的啊！”

哥哥什么都没有说，只是将纸袋放在桌子上，然后拿起其中一本书，放在了纸袋上面，接着将第二本书竖着放在第一本书的上面（图 2–6）。

看到哥哥如此煞费苦心，我的好奇心更重了：“你不是想将书也吹起来吧？这是不可能做到的。”

“没有尝试过的事情，不要这么快下结论！”哥哥深呼吸，然后开始往纸袋里吹气。我张大眼睛看着，看到纸袋慢慢鼓起来，将下面的书顶得倾斜，随之便掀翻了上面竖着的书（图 2–7）。我怔怔的，倒吸了口冷气，望着哥哥，

图 2–6

图 2–7

一时不知道说什么才好。

“现在知道尝试的重要性了吧！”哥哥微笑着。这次，他将三本书都压在纸袋上，只朝里面吹了一口气，纸袋却像受到鼓舞般的大力士，浑身用力，将三本书掀翻到了桌面上。

我觉得有点不可思议，便想亲自尝试一下，结果，真的不需要多大的肺活量，更不需要大力士的帮助，一切那么自然而然地发生了。我也轻易地将书吹掉了，我盯着哥哥，傻傻地问：“为什么会这样？看起来不应该这样简单啊？”

“很多事情本来就很简单，只是被我们想复杂了而已！”哥哥平静地说，“我们吹到纸袋里面的空气密度比外面的空气大，压力也大，所以纸袋才会鼓起来。一般来说，外面空气的压强大约是1000克／平方厘米。计算一下就可以得知，即使书里面的压强只比外面的压强大$\frac{1}{10}$，也就是每一立方厘米大100克左右，纸袋内的空气对纸袋所产生的总压力也达到了10千克。这样一来，很容易把书掀翻。”

原来如此，我明白了，用手轻轻抚摸着报纸，在我的思绪里，从来没想过如此不起眼的东西，会完成这么多有趣的物理实验。望着哥哥，不知道他还会给我带来怎样的惊奇，我又开始满心期待了。不过，哥哥告诉我，报纸的实验结束了，但他会带着我做其他的实验。

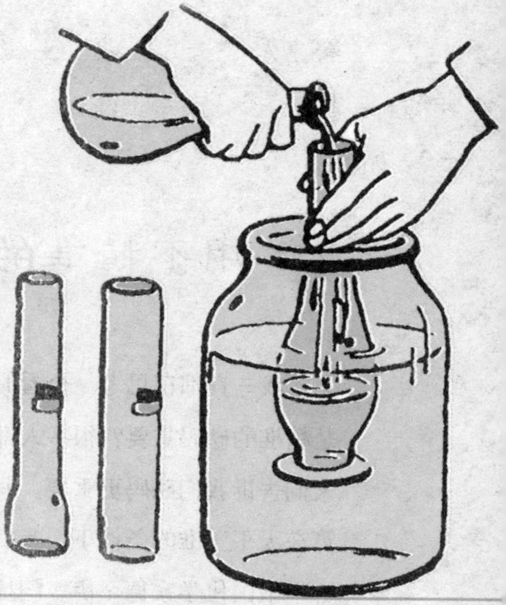

第3章 72个物理问题和实验

3.1 用不精准的天平称重

我一直都在思考一个看似简单却十分复杂的问题，是精准的天平重要？还是精准的砝码重要？很多人都认为前者重要，但经过多次探索和实验后，科学家们告诉我们砝码更重要。假如没有精确的砝码，是不能进行正确称重的；就算在天平不准的条件下，我们用砝码依旧可以完成准确的称重。

俄国化学家德·伊·门捷列夫首先想到方法解决了这个难题，他是这样跟我们演示的，先要找来杠杆和茶杯，做一个看似十分不准确的天平，然后将一个比需要称重的物体稍微重点的物体放在茶杯里，接着在另外一个茶杯里放上砝码，使天平的两端平衡。

接下来，我们把需要称重的物体放在装着砝码的茶杯里，天平自然会向这一边倾斜。这时，为了使天平再次达到平衡，我们就要拿走一些砝码，而被拿走的砝码恰好是物体的重量。这是一个很简单的道理，由于物体和砝码对茶杯的压力相同，所以它们的重量也相同。

德·伊·门捷列夫的称重方法简捷而方便，帮助人们解决了很多难题。

3.2 称重台

大家想一下，当一个人站在称重台上使劲往下蹲的那一瞬间，称重台是向上运动呢，还是向下运动？我们虽然很熟悉这个动作，但是极少人去思考这个问题，如今突然问起，你会不会感觉到哑口无言呢？

其实，这个问题的答案很简单，是向上，为什么呢？那是因为我们往下蹲的时候，肌肉不仅会将上身的重量往上拉，同时会使劲将双脚向上拉。这样一来，我们的身体对称重台的压力就减小了，称重台自然会向上运动。

3.3 滑轮

我们经常会看到工人搬运货物，如果一个人能够将100千克的重物从地上抬起，那么，如果他用绳子绑住重物，然后将绳子挂在固定在天花板上的滑轮上，他能够拉动多重的东西呢？

我们都知道杠杆的作用，它的确解决了人们很多难题，但是借助固定的滑轮来拉起货物，似乎并不是很好的方法，因为拉起的重量最多等于空手抬起的重量，甚至是更小。通过固定的滑轮拉东西时，拉起的物体重量不会大于我们自身的体重。也就是说，如果一个人的体重是90千克，那么，通过定滑轮他不可能拉起100千克的物体。

3.4 两把耙

很多人都弄不清楚重力与压力之间的关系，其实，它们有着本质的区别。当物体的重力很大的时候，产生的压力可能会非常小；相反，当物体的重力很小时，可能会产生很大的压力。

现在，我们用一个简单的例子来说明一下，让大家明白重力和压力的区别，以及如何计算物体对支撑物的压力。

找来两把构造相同的耙，一把是20个耙齿，加上重物总共重60千克；另一把是60个耙齿，连重物共重120千克。现在，大家想一下，哪一把耙地耙得比较深呢？

大概许多人都认为负重大的那把耙会耙得更深一些。不过，我们不要忘了，第一把耙的总重量是60千克，平均分摊到20个耙齿上之后，每个耙齿会受到3千克的压力；而第二把耙的每个耙齿受到的压力是2千克。这就是说，尽管第二把耙的总重量比第一把耙大得多，但是耙齿扎入土地的深度要比第一把耙浅一些，因为第二把耙的每个耙齿受到的压力小。

3.5 白菜桶

计算压力的例子有很多，我们来看下面这一个。有两个用来装白菜的木桶，上面有圆木盖子，我们在盖子上放上石头。已知：第一个木桶上圆盖的直径是24厘米，放在上面的石头重10千克；第二个木桶上圆盖的直径是32厘米，上面的石头重16千克。那么，哪一个木桶受到的压强比较大呢？

其实，答案很明显的，哪个木桶每平方厘米的木盖承受的压力大，那个木桶的压强就大。第一个木桶盖上的石头重10千克，木盖的表面积是3.14×12×12=452平方厘米，所以木盖上的每平方厘米受到的压力就是10000 / 452，大约22克。同理可知，第二个木桶盖的每平方厘米受到的压力是16000 / 804，小于20克，所以，第一木桶受到的压强比较大。

3.6 马和拖拉机

曾经在农村住过一段时间，观察过乡间的小路，我发现很重的履带拖拉机，能平稳地走在松软的土地上，而我们轻轻地踩上一脚，或者骑着马奔驰，便会在泥土里留下深深的足印。这是为什么呢？明明拖拉机要比人和马重得多，为什么我们的足印可以陷进土里，而拖拉机却不会呢？其实，只要你仔细想一想便会明白，这就是压力和压强的区别。

因为不是重量大的物体陷得深，而是对每平方厘米施加的压力大的物体，虽然拖拉机的重量很大，但履带的表面积远远大于我们的脚印或者马匹的足印。所以，拖拉机履带的每平方厘米对地面的压力只有几百克，而马就不同了，马蹄上的每平方厘米对地面的压力超过了 1000 克，大约是拖拉机的 10 倍。这样一来，马蹄肯定会陷在松软的泥土了，而拖拉机不会。

在农村，人们为了使马匹能走在泥泞的土地上，便在它的马蹄上钉上宽大的底板，增大了马蹄的支撑面积，所以马匹就能够在泥地上奔跑了。

3.7 在冰上爬

冬天，河面都会结上一层冰，如果它不够结实，人们为了避免发生危险，双脚便不会直接踩在上面，而是选择爬行，追求情趣的人更会躺在一块宽大的木板上滑行，享受冬天带来的快乐。

冰，极其坚韧，又极为脆弱，处处散发诱人的色彩，人们总会忍不住探究它的奥秘。冰结实了，便能用双脚去踩；不够厚实的时候，就要小心防范，甚至是爬行，这是为什么呢？

其实，我们都知道，无论是站着还是躺着，人的重量都不会发生变化。但是，躺着的时候，人的支撑面积会变大，这样一来，每平方厘米受到的压力就会减小，也就是压强变小了。

冰能够承受多大的压力，取决于它的厚度。一般来说，一个人能够在 4 厘米厚的冰面上行走，若要溜冰的话，冰的厚度不能小于 10 厘米。所以，请各位朋友注意，在享受快乐的同时一定要注意自己的安全。

3.8 绳子在什么地方断的？

在家庭物理实验中，我们经常会用一些简单的工具，比如木棒、绳子之类的物品，今天我们依旧选择这些来完成下面的实验。

如(图 3-1)所示，在一个门缝中，固定好一根木棒，然后在木棒上系上一根绳子，把一本重一些的书系在绳子的中间，绳子的头上系上一把尺子。这时，如果我们用力去拉扯尺子，绳子会在什么地方断开？是书的上面呢，还是下面？

图 3-1

或许一些聪明的朋友已经看出了其中的奥妙，这并不是一个绝对需要选择的课题，绳子在书的上面或者下面断裂都是有可能的，这完全取决于你是如何拉尺子的。慢慢拉，断开的是绳子的上端。因为绳子的上端在受到手施加的拉力的同时，还受到了书的重力作用，而绳子的下端只受到手的拉力，不会造成破坏性的损伤。如果你是使劲拉绳子，绳子的下端就会断开。因为施力的时间太短，绳子的上部分来不及产生变化，此时的拉力都在绳子的下部分，因此，下部分的绳子会断开。这时，即使绳子的下半段比较粗，仍然是这部分断开。

3.9 断开的纸条

上学的时候，老师曾给我们做过这样的实验，他剪了一张大约长 15 厘米、宽2厘米的纸条，还在纸条上剪了两个口（图3-2）。一切完成后，他举着纸条问我们，如果用力撕扯纸条的两端，纸条会在什么地方断开呢？

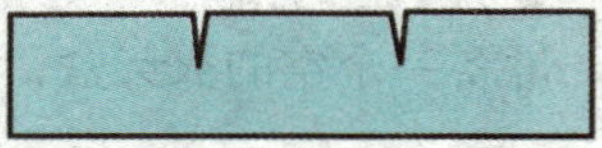

图 3-2

当时，大多数同学的答案几乎都是在被撕开的地方断开，老师微笑的看着我们，轻轻地问："会断开几段呢？"

大家又是异口同声地说："会被撕成三段！"

如果你的回答跟他们一样的话，我希望你能亲手去验证一下，答案或许会出人意料。因为事实证明，无论你的纸条多长多宽，撕口的地方多深多浅，纸条只会断成两段，绝对不会是三段。

有句俗话是这样说的："哪里细，哪里断。"不管我们制造道具时，多小心地出来剪口，就算表面看不出什么差异，但它们不可能被弄得一模一样，总有一个深一些，另一个浅一些，裂口深的地方承受力最弱，最容易被撕开。而且，一旦撕开了，随着裂口的加深，承受力也越来越弱，纸条便会在这里断开了。

这虽然是一个微不足道的实验，却和科学技术中非常重要的领域相连着，这个领域就是被科学家称为"物体的阻力"的领域。

3.10 砸不坏的火柴盒

火柴盒在日常生活中随处可见，经常会受到不公平的待遇，比如被砸成纸片、丢弃等。在大家这般对待火柴盒的时候，你有没有仔细观察过，当你用力用拳头去砸一个完全空了的火柴盒的时候，它会变成什么样子？

我想，很多人的答案都会是火柴盒会被砸坏。事实真的如此吗？我们还是亲自验证一下吧，那样才更具备说服力。

准备一个空的火柴盒，把里面的内屉拿出来，然后把盒套像基座那般平稳地放在桌子上，内屉安置在它的上方（如图 3–3）。这时，你握紧拳头，快速地用力砸向火柴盒，火柴盒并没有像预期那样坏掉，而是被震飞了。把它们拿起来仔细观察，你会发现它们完好如初。面对这样的结果，科学家会告诉我们，由于火柴盒产生了很大的弹力，起到了一定的保护作用，虽然我们拳头的力量使火柴盒有些变形，但不至于将其损坏。

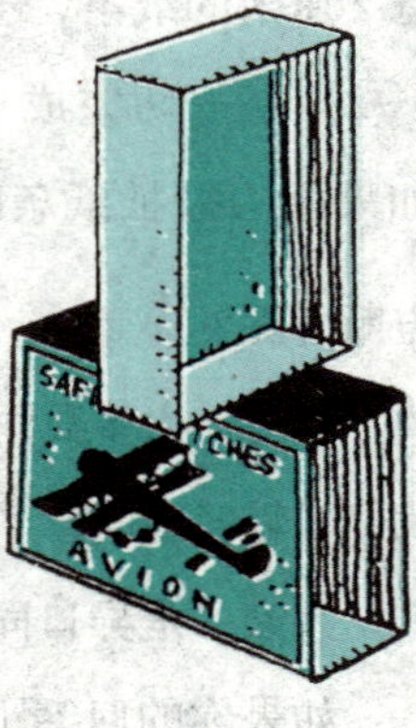

图 3–3

3.11 将火柴盒吹向自己

每一个调皮的小孩子似乎都做过这样的小游戏，将空火柴盒放在桌子上，用力将它们吹走，看到它们那般乖巧听话，便会开心得大笑。不知道你有没有想过，这个游戏还可以换个方式来玩，那就是将火柴盒吹回来，当然不是把头伸到火柴盒的后面去吹，这是不是有一定难度了呢？

有些人尝试过吸气的方法，希望可以把火柴盒吸过来，浪费了很多时间和气力后，发现不过是徒劳的挣扎，只能另外再想办法了。

其实，这件事情并不难。首先，我们找来一个朋友来帮忙，还要找到一张绝对光滑的桌子，千万不能在上面铺上诸如桌布之类的东西；然后，让朋友把手掌放在火柴盒的后面，你对着他的手掌吹气，气流碰到手掌后会反射到火柴盒上，你就会看到火柴盒在缓缓地移向自己。

3.12 调整挂钟

现实生活中，我们离不开的物品有很多，钟表便是其中之一，它给我们带来准确的时间，以利于有条不紊地安排着我们的人生。如果墙壁上的挂钟走慢了，怎么调整钟摆才能使它恢复正常呢？如果它走快了，我们有将如何处理？

懂得一些物理知识的人都明白，钟表的快慢和钟摆的长度有关系，钟摆越长，摆动的速度就越慢，反之亦然。如果你还是充满怀疑，我们可以用一根绳子，系上比较重的物体，做一个简单的小实验，便足以证明这一点。以后，根据这个原理，我们可以在挂钟走得过快的时候，增加钟摆的长度使钟表变慢；在调节走得过慢的时候，把钟摆轴上的垫片抬高一些，以此来缩短钟摆的长度就行了。

3.13 平衡杆停在哪里？

现在，我们用木杆和两个重量相等的小球来做个实验吧。首先，把两个小球固定在一根木杆的两端，然后在木杆的中央打一个小孔，把一根小木棒穿到

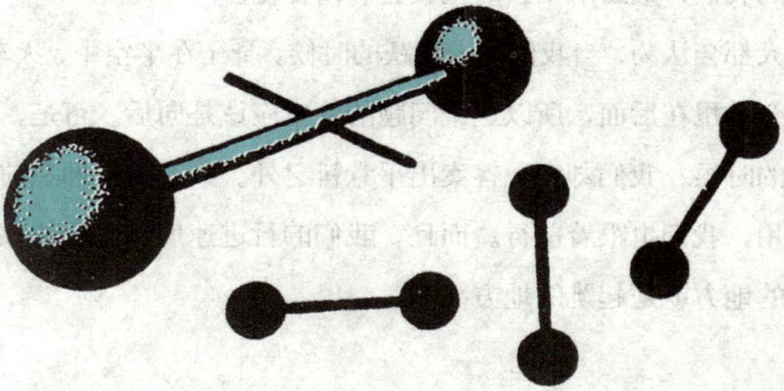

图 3—4

小孔里（如图 3-4）。这时，我们可以像玩陀螺一样，以小木棒为轴，让木杆旋转起来。它没有陀螺的耐力，所以转几圈后就停了下来，请你猜一下，木杆会停在哪个位置上？

很多人都认为，木杆只会停在垂直的方向上。其实，实验验证出来的结果并非如此，木杆可以停在好几个方向上，不管是垂直方向，还是水平方向，甚至倾斜方向（图 3-4），木杆的重心都在支点上，只要保持着绝对的平衡就可以。

这也说明，只要通过物体的重心，不管是将它挂起来，还是托起来，它都能够保持平衡。所以，我们不可能预先知道木杆停在哪个位置上。

3.14 车厢里的跳跃

草原上，一辆火车正在以 36 千米 / 小时的匀速行驶。这时，你若在车厢里往上跳，会出现什么样的结果呢？假如你在空中停留了一秒，当然，这个数字并不是十分准确，是按照你跳 1 米多高来计算的，可能会稍微偏大了一些，但并不影响我们的结论。

你落地的时候，会站在哪里呢？原地，还是其他的地方？如果不是原地，那么，你是向前了，还是向后了呢？这的确是一个值得思考的问题，运动的物体，运动的我们，最终落下去的位置会有何变化。

很多人都会认为，当我们往上跳跃的时候，身子在半空中，火车向前行进，我们自然会被甩在后面，所以这个问题的答案应该是向后。可是，当我们用实践来证明的时候，我们却发现答案出乎意料之外。火车的车厢在前行，但由于惯性的作用，我们也跟着前行。而且，我们的行进速度和车厢的相同，所以我们落下去的地方就是起跳的地方。

3.15 在甲板上抛球

在海上旅行的时候，可能看到过这样奇妙的事情。两个人站在轮船的甲板上，来回地抛球，轮船在蔚蓝的海面上行驶，像个威武的巨人，他们迎着海风，沉浸在玩耍的快乐中。其中一个人在船头，另一个人靠近船尾，你知道谁抛球更省力吗？是站在船头的人，还是站在船尾的人？

如果轮船处于匀速直线运动中或者是静止的状态，两个人所使用的力气是相同的，认为站在船头的人远离球，而靠近船尾的人是向着球移动的想法是错误的。由于惯性的作用，球也具有轮船的行驶速度，所以两个人都占不到便宜，在匀速行驶的轮船上抛球，使用的力气是一样的。

3.16 飘扬的旗子

不知道大家思考过这样的问题没有，当一个气球被风吹向北方，那么，气球吊篮上的旗子会飘向什么方向呢？

我们知道，气球的运动是由于受到了气流的作用，对于周围的空气来说，气球是静止的。所以，气球吊篮上的旗子不会有任何变化，仍然会往下垂，就像是无风时一样。

3.17 气球往哪儿运动？

有人喜欢坐着气球旅行，那么，当气球飘到天空，在空中静止不动的时候，有个人从吊篮里爬出来，慢慢沿着绳索往上爬。这个时候，气球也开始运动，那么它是向上运动呢，还是向下运动？

答案是向下运动，因为力的作用是相互的，人往上爬时会对气球产生一个向下的力，所以气球会往下运动。这跟人在静止的船上行走是同样的道理，当人往前走的时候，船就会向相反的方向运动。

3.18 走路与跑步

每个人都会走路和跑步，你知道它们之间的区别吗？在最初接触此问题时，你会想都不想就说，跑步的速度一定比步行快。可是，静下心来，仔细回忆一下，两者之间的区别真的只是速度吗？

其实，并不是这样的，跑步有时比走路要慢，甚至会出现原地跑步的情况。我们在行走时，身体总会和地面接触，有时是通过整个脚掌，有时是脚掌的一部分；在跑步的时候就不同了，在某些情况下，我们的身体会离开地面。

3.19 能够自动平衡的木棒

最近，听闻侄女疯狂地迷上了一个游戏，虽然不知道其中的奥妙，却乐此不疲。我忍不住好奇，偷偷躲在其背后，想看个究竟。

她把两只手的食指放在桌子上，在食指上面放一根平滑的木棒（如图 3–5）。然后，我看见她让两个食指慢慢靠近，动作缓慢而平稳，当它们完全贴紧的时候，侄女的脸上出现了胜

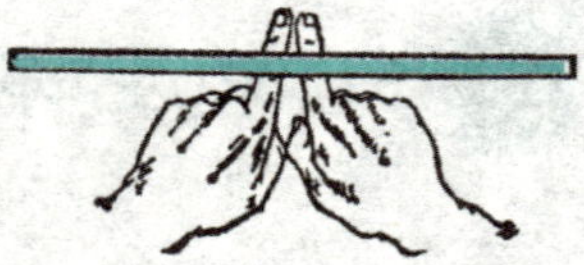

图 3–5

利的微笑。这时，木棒不但没有从手指上掉下来，甚至还保持着原有的平衡。侄女继续做着她的小游戏，不断改变手指的位置，如此重复了好多次，木棒始终没有掉下来。我忽然想起，我小时也做过这样的游戏，只是不是用木棒，而是用画图尺子。

侄女发现我的存在后，收起木棒，有些不好意思起来，我微笑地走近她，摸着她的额头，低低询问："你知道木棒保持平衡的原因吗？"

侄女眨巴着大眼睛，静静地摇摇头。

"木棒能在贴紧的手指上保持平衡，是因为手指正好在木棒的重心下面。"我说，"如果物体的重心下落后，能够穿过支撑物的内部，在这种情况下，物体就可以平衡。"

其实，我们都知道，当手指不是并拢在一起，而是分开时，物体的大部分重量会落在距离物体重心比较近的手指上。由于压力和摩擦力成正比关系，所以手指上的压力越大，受到的摩擦力也越大，物体越不会滑动。当远离重心的手指慢慢向中间移动，等到这根手指比较靠近重心，它承受的压力就大了，两个手指相互换了角色。这样的过程不是一次，而是很多次，直至两根手指紧紧贴在一起为止。由于只有远离重心的那一根手指在移动，因此，当两根手指贴紧的时候，一定位于物体中心的正下方。

这样的实验我们并不一定非要用木棒，可以选择生活中最常见的地板刷来做，做的时候我们可以思考这样的问题：将地板刷在手指贴紧的地方折成两段，分别放在天平的两端，天平会向哪个方向倾斜呢？是放着把手的那一端呢，还是放刷子的那一端？

很多人都会这样认为，地板刷的两部分既然能在手指上保持平衡，那么，它们的重量就是相等的，在天平上自然也会平衡。然而，事实并非如此，而是放刷子的那一端会更重一些。其实，这里面的道理不难懂：地板刷在手指上保持平衡的

图 3–6

时候，手指两端的力臂不是等长的；而在天平上的时候，两端的重量没有发生改变，但力臂是等长的。

还有一个类似的例子。在彼得堡文化公园的“趣味科学馆”中，有一批重心在不同位置的木棒，我们沿着木棒的重心，把木棒折成两段。然后，把两段木棒放在天平的两端，我们会惊讶地发现，天平总是偏向短木棒那一端。也就是说，短木棒比较重。

3.20 划船

人总会给自己出一些很奇怪的实验来探索更新的秘密，曾经就有人在河上航行的时候，在船旁水中漂一块木板，想知道是船超前木片 10 米时划船轻松，还是落后木片 10 米时划船轻松？

这个问题看似简单，实际却并非如此，就连一些从事水上运动的人都没有说出正确的答案。他们都认为，顺流划船比逆流要轻松一些，所以船超前木片时划船比较轻松。

的确，当要把船划向某个停靠点的时候，顺流比逆流要轻松得多。但是，如果参照物是河中的那块木板，和船一起漂动的木板，情况就不同了。

水流推着船运动的时候，船的速度等于水流的速度，相对于河水来说，船是静止的。这时，浆手划船的感觉和在静止的湖泊上一样，不管是要往那个方向行驶，使用的力气是相同的。

因此，对于浆手来说，不管是向木板的前面划行，还是后面划行，都必须付出一样的力气，轻松程度是相同的。

3.21 水面波纹

石头落在平静的水面上时，会激起一圈圈美丽的圆形波纹。大家想一下，如果把石头投进流动的河水里，会不会出现波纹？又会是什么样子的波纹呢？

大部分人会这样认为：将石头扔进流动的河水中也会出现波纹，但波纹不是椭圆形，也不是不规则的长圆形。实际上，如果你亲自试验过就会明白，无论水流的速度是快还是慢，水面上的波纹都是圆形的，不会发生任何变化。所以说，不管河水是否静止，扔进石头后都会产生圆形的波纹。

其实，这个答案并不难理解，我们只要用一个简单的推理，便可以轻松解决。我们可以将河水的运动分解成两个部分：一是由中心扩张向四周的辐射运动，二是水流方向上的运动。物体在流动的河水中的静止状态，和在这两个分运动中的静止状态相同。

我们都知道，石头被扔进静止的河水中，产生的波纹是圆形的。把石头扔进流动的河水中，不管水流的速度是多少，是不是匀速的，对结果都不会产生任何影响。那么，为什么会产生圆形的波纹呢？因为水流可以改变波纹的位置，但不能改变它的形状，所以波纹还是像在静止的河水中一样，始终是圆形的。

3.22 蜡烛火苗的倾斜方向

小时候很喜欢停电，因为那样就可以点上美丽的蜡烛，一支支，一盏盏，将整个房间都蒙上一层梦幻的色彩。如果我们将一根蜡烛从房间的一头移动到另一头，烛苗就会不可避免地往后倾斜。当我们把蜡烛放在灯笼里，手提灯笼匀速转圈时，灯笼里的火苗会怎样倾斜呢？

有人认为，蜡烛在封闭的灯笼罩里，是不会发生倾斜的。不过，事实证明，这个观点是错误的。我们可以用点燃的火柴来做一个实验，这时你会发现，即使移动火柴的时候用手护住火苗，火苗还是会倾斜，而更出乎我们意料的是，火苗是向前倾斜，而不是向后。

这是为什么呢？

原因很简单，由于火苗周围空气的密度大于火苗的密度，而在同等的作用力下，密度小的物体会产生更大的运动速度，所以，火苗就比空气具有更快的速度，自然向前倾斜了。也正因为这个道理，灯笼在做圆周运动的时候，火苗的倾斜方向是往内，而不是向外。

也许你有些不能理解为什么会这样，那么你就来想一下，离心机里面飞快旋转的小球中的水银和水的运动状态：离开旋转轴的距离，水银要比水远些。假如我们把从离心轴向外的方向当作下方，那么，水就位于水银的上方。同样的道理，因为烛苗比周围的空气轻，在旋转灯笼时，站在指向旋转轴的方向来看，烛苗正好位于空气的上方。

3.23 绳子的中部始终下垂

用多大的力气拉紧一根绳子，才能使绳子的中间部分不下垂？

或许每个人心中都有自己的答案，甚至有人会认为这是个相当简单的问题，但是，你知道吗？不管我们用多大的力气拉紧绳子，绳子的中部始终保持下垂的状态。因为是重力导致绳子的下垂，而重力的作用在垂直方向上，但绳子的张力不在这个方向上。要使张力的合力与绳子的重力平衡，绳子的张力必经过绳子的重心沿绳子斜向向上，所以绳子中部必定下垂。

这就是说，不管我们对绳子的拉力多大，都不可能把绳子拉直（绳子不是垂直放置的），它的中间部分一定会下垂。当然，拉力越大，下垂的程度就越小，但绝对不会减小到零。所以，只要不是垂直放置的绳子，它的中部一定会下垂。

同理，吊床也不是完全水平的。当人躺在席梦思床上时，就会导致被拉紧的金属网线下垂。相对而言，吊床的绳子就脆弱得多，人躺上去之后，它就像是一个圆形的下半部分。

3.24 瓶子应该扔往哪个方向?

把瓶子从运动的车厢中扔下去，往哪个方向扔，才能降低它落地时所存在的破碎的危险性呢?

很多人会认为，由于沿着运动方向往前跳远远安全于逆向往后跳，所以瓶子往前扔产生的冲击力最弱，破碎性也最小。听起来似乎很有道理，但这种想法是不对的，应该将瓶子往后扔，和车厢的运动方向相反，危险性才最低。这时，被扔出去的瓶子具有一定的速度，这个速度可以去抵消惯性所带有的速度，使瓶子到达地面时的速度减小，破碎的机率就会变低。若将瓶子往前扔，情况就会相反，速度增加了，冲击增强了，瓶子便容易坏掉。

这和人的跳跃完全不一样，因为人往前跳比往后跳摔伤的可能性小得多。

3.25 瓶子的软木塞

将一个软木塞放进一个瓶口跟自己大小差不多的装着水的玻璃瓶中，看着它像轻巧的游鱼，在水中自由漂浮。无论我们倾斜还是翻转玻璃瓶，都无法把软木塞倒出来，只有水一点点地流出来。当最后一部分水流出来的时候，却把软木塞带出来了，这是怎么回事呢？

起初水不会将软木塞带出来，那是因为软木塞的密度比水小，所以它才会在水面上漂浮的。当瓶子中的水快没有时，软木塞才有机会来到靠近瓶口的地方，跟着最后一部分水离开瓶子。

3.26 春汛

不知道你仔细观察过没有，在春汛时，河水的中央会高于岸边的水面。这时，如果有一些木头在河面上，它们就会从中间移动到岸边。到了平水期，河中央的水面会低于河岸的水面，漂浮的木头就会集中在河中央。

为什么河水会发生这种变化呢？为什么春汛时河水的中央比较高，而枯水期的时候比较低呢？

很多朋友可能已经猜出来了，水中央的流速比岸边的要快，因为河水和河岸的摩擦使水的流速变慢了。春汛的时候，水从上游流下来，河水中间没有阻挡摩擦的物体，水流的速度自然会快一些。由于中部水量增加的速度快，从而使河水的中间凸起。而枯水期的时候，进入河里的水量会减少，由于河水中间的流速快，所以失去的水量多，河面就会下凹。

3.27 液体向上的作用力

没有学过物理的人也知道，液体产生的作用力是向下，压着容器的底部、侧面、内壁。但是，你是否知道，液体不仅可以产生向下的作用力，还会产生向上的作用力。如若不信，我们就用个煤油灯的玻璃管来验证一下，证明的确有向上的作用力。

在硬纸板上剪下一个略大于玻璃管管口的圆片，将它贴在玻璃管的一端，为了使圆片在浸入水中的时候不掉落，我们用一根线穿过圆片的中心拉住圆片，或者直接用手指按住，那会更方便一些。当玻璃管浸入水中一部分后，就算不用细线拉着圆片，或者用手指压住，圆片也可以紧紧贴在玻璃管口上，不会掉下来。这就是水对圆片产生的向上的作用力在发挥作用。

还有一种方法能够帮助我们测量出这种作用力的大小。我们可以缓慢地往玻璃管中加水，当玻璃管中水的高度等于玻璃管外容器中水的高度时，玻璃管下面的圆片就会掉下去（图 3–7）。这时，容器中的水对圆片向上的作用力和玻璃管中水柱对圆片向下的作用力相等，而水柱的高度和圆片浸入水中的深度相同。这样，就可以算出水对圆片的压力了，同时也是圆片所受到的向上的作用力。就是因为这一点，产生了著名的阿基米德定律：在液体中的物体会“失去”它原本的重量。

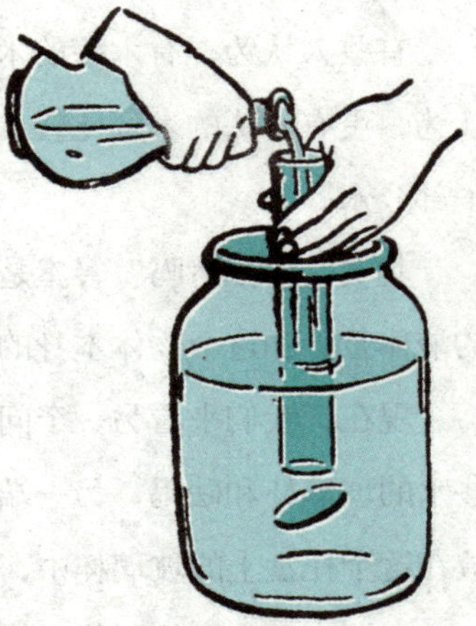

图 3–7

现在，我们找几根形状不同、管口大小相等的玻璃管，来重做上述实验以检验关于液体的另一个物理定律，那就是容器的底面积和液面高度决定了液体对容器底部的压力，容器的形状没有任何作用。在做这个实验之前，我们先在玻璃管上贴上高度相同的纸条，再将玻璃管浸入水中，你会发现，每次纸片掉落时玻璃管内的水的高度是相同的（图 3–8）。这就说明了，在一种液体中，只要高度相同，在相同底面积上产生的压力

图 3–8

就相同。无论是倾斜的长水柱，还是垂直的短水柱，在底面积相同的情况下，产生的压力是完全相同的。

3.28 天平的哪边重？

曾经做过这样有趣的物理小实验，将两个同等大小、装满了水的木桶分别放在一个天平的两边，只是其中一个漂浮着一块木头，另一个没有。现在请你回答我，天平的哪一边比较重？

有些人认为，有木头的木桶重一些，因为木桶中有水和木头；另一些人则认为，没有木头的木桶比较重，因为水比木头重，放入木头后，挤掉了木桶中一部分水。

其实，你知道吗？答案是两个木桶一样重。根据浮力定律可知，物体排开的液体重量和这个物体本身的重量相等，所以两个木桶的重量是相同的。

现在，我们来看另一个问题，跟天平也有关系。在天平的一端放上装了一些水的玻璃杯和砝码，另一端放上砝码，使天平平衡。这时，将托盘上的砝码放在这个托盘上的玻璃杯中，天平会出现怎样的变化？

根据我们掌握的阿基米德定律可知，砝码放在水中后，重量会变轻。所以，我们便会大胆的设想，把砝码放入水中后，这边会向上翘起。实际上，天平没有发生变化，依然保持着平衡，这是什么原因呢？

原来，砝码放入水杯后，水面会上升，导致水对容器底部的压力变大，而增加的压力正好等于砝码在水中失去的重力，所以天平还是平衡的。

3.29 筛子打水

竹篮打水一场空，这几乎是一个不变的定律，说明事情是不可能完成的。

现在，我们就用物理学的知识，来完成这个看似不可能的任务。

首先，准备一个直径大约是15厘米的筛子，筛眼是一毫米左右；然后，把这个筛子放入融化的石蜡中，不久后就取出来。这时，筛子上面有了一层薄薄的石蜡膜，这层膜几乎是看不见的。

筛子看起来还是原来的筛子，上面仍然存在着无数的小孔。不过，这个筛子可以用来打水了，可以盛一些水，并且水不会漏下去。需要注意的是，往里面倒水的时候，一定要小心谨慎，而且筛子不能和其他的东西相互碰撞。

为什么水可以待在筛子中，不会漏下去呢？因为当水遇到石蜡的时候，石蜡会变得很湿润，在筛眼的表面形成了一层向下凸的薄膜（图3−9），它保护了水不往下落。

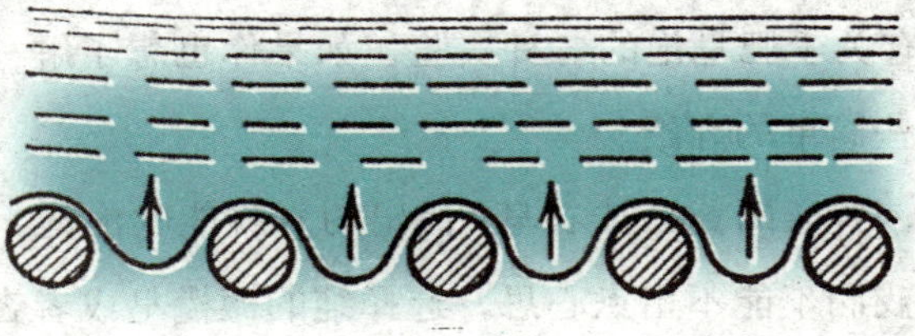

图3−9

浸泡过石蜡的筛子不但能够打水，还可以浮在水面上。其实，类似于这个实验的现象在现实生活中是随处可见的，只是习以为常，我们都没留意而已。

比如，在水桶和船的表面上涂上树脂，在软木塞和木栓上涂上润滑油等，只要在物体上涂上油性物质，它们便具备了不透水的本领，这些跟用筛子打水的本质是一样的。

3.30 肥皂泡

小时候，几乎每个人都玩过这样的游戏，吹肥皂泡，它看起来似乎异常简单，完全没有什么技巧可言，可是通过实践发现，要想将肥皂泡吹得又大又漂亮，并不是容易的事情，而是熟能生巧，慢慢练出来的。

然而，许多人对这件事情并没有多大的兴趣，这绝不是一个拉紧彼此距离的好话题，但物理学家不这么认为。英国伟大的科学家开尔文①曾经说过：“即使吹出来的一个简单的肥皂泡，你都需要花费一生的时间去研究它，不断地从中学习新的物理知识。”

细心的人会发现肥皂泡表面上奇妙的色彩，这种色彩能够帮助物理学家们测量出光波的长度；而薄膜表面存在的张力，又能帮助物理学家研究微粒之间的相互作用。你是否知道，如果没有连接这些微粒的作用力，这个世界会变得相当可怕，只会剩下灰尘这一种物体。

曾经为了更了解肥皂泡，我特意找到了英国物理学家波易斯②所著的《肥皂泡》，书中有关于肥皂泡的各种实验。如果你也想了解一些的话，我可以对此进行一些简单的介绍。

我们知道，普通的黄色洗衣皂③搓出的水就能吹泡泡，但为了吹出更好的肥皂泡，我们不能不用点心思，选择纯的橄榄皂或者杏仁皂就很好。我们用凉水，最好用雨水或者雪水来溶解，没有就用煮开的或者冰过的水来溶解，制成浓度足够大的肥皂水。为了使吹出来的肥皂泡保持的时间比较久，我们往肥皂水中加入一些甘油，大约是液体体积的三分之一。把肥皂水上面的薄膜和泡沫去掉，然后用一根抹上了肥皂液的细长陶管插入溶液中。当然，用长度大约是10厘米长的稻草杆，将底部剪成十字形，也可以吹出好看的肥皂泡。

吹肥皂泡也是有技巧的，将陶管垂直插入肥皂溶液中后拔出，使陶管周围

①开尔文（1824—1907），英国著名的物理学家、工程师，热力学温标的发明人，被称为热力学之父。

②查尔斯·弗农·波伊斯是一位爵士，还是英国物理学家、皇家学会的会员。

③这个实验不适合选用香皂。

出现一圈薄薄的肥皂膜，接着就小心翼翼地吹气。我们会看到肥皂泡慢慢地膨胀起来，里面充满了我们肺部吹出来的空气，它要比周围的空气轻，肥皂泡自然就会向上隆起了。

如果一下子就吹出了直径是 10 厘米的泡泡，说明配置的肥皂液正好；若不行，我们就调整肥皂液的浓度，直到吹出这样的泡泡为止。轻轻地抬起头，看着空中自由飞舞的泡泡，我们会微笑，用沾满溶液的手指摸触它们，似乎想将这个美丽的泡泡弄破。如果它们没有随你心愿，那么，我们继续完成下一个实验；如果很不幸，它们破掉了的话，我们只能再去调整溶液的浓度了。

这个实验跟吹泡泡一样，没有什么技巧可言，就是依靠我们小心而缓慢地进行。实验时光线要充足、明亮，那样泡泡才会更加漂亮，浑身上下都闪动着如彩虹般醉人的色彩。

如果你想吹出更奇特的泡泡，那么我来教给你几个方法吧。

首先是罩着花的泡泡（图 3–10A）。往盘子上倒一些肥皂液，不但要将整个盘底覆盖住，还要保持大约 2 ~ 3 毫米的高度。然后，我们把一朵小花放

图 3–10

在盘子的中间，找一个玻璃漏斗罩住。当我们慢慢将漏斗拿起来后，对着漏嘴轻轻地吹气，等到肥皂泡足够大的时候，像图 53 中的 B 那样，让漏斗倾斜，使它和肥皂泡分开。等一切都完成后，这朵花的上面便出现了用肥皂膜做成的圆形透明的罩子，罩子的表面涌现着五颜六色的颜色，很美丽。

接着是吹大的肥皂泡套着小的肥皂泡（图 3–10C）。想吹出这样的泡泡并不难，先用玻璃漏斗吹出一个最大的肥皂泡，然后将稻草杆通过第一个肥皂泡的中央插入肥皂溶液中，这个动作一定要进行得小心谨慎，否则很容易将肥皂泡弄碎的。然后，我们小心地将稻草杆往回抽一些，但不要离开第一个肥皂泡，开始吹第二层泡泡。这样一来，第一个肥皂泡就把第二个泡泡盖住了，如此这般，我们可以吹出第三个、第四个……

现在找来两个铁环，我们来做一个肥皂圆筒（图 3–11 左）。这个也很简单，先吹出一个普通的肥皂泡，把它放在下面的铁环上，然后把手中那个完全浸泡过溶液的铁环放在肥皂泡的上面，缓慢地往上拉，肥皂泡就会成为一个圆柱形。如果我们拉扯的动作没有结束，铁环被拉起的高度比本身的周长还长，那么，肥皂泡圆柱的一半会变小，另一半则会变大，最后由一个肥皂泡变成了两个肥皂泡。

我们知道，肥皂泡的表面薄膜永远处在一个绷紧的状态中，泡内的空气产

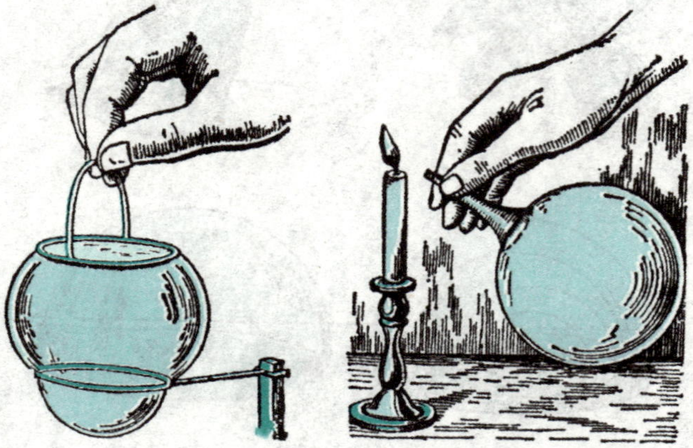

图 3–11

生着一定的压力。这时，我们把肥皂泡靠近烛苗，你会发现这层薄膜的力量绝非想象中那般渺小，因为看似强大的烛苗明显会往另一边倾斜（图 3–11 右）。

吹肥皂泡是很有趣的游戏，而观察肥皂泡则是一门深奥的学问。当我们把肥皂泡从温暖的地方拿到寒冷的地方时，肥皂泡的体积就会随之变小；相反，如果将它从寒冷的地方拿到温暖的地方，肥皂泡的体积就会增大。任何一个有点物理常识的人都知道，这时因为肥皂泡里面的空气受冷收缩、受热膨胀。如果一个肥皂泡在零下 15℃的时候，体积时 1000 立方厘米，将它移动到 15℃的地方，这个肥皂泡的体积大约增加

$$1000 \times 30 \times \frac{1}{273} \approx 110 \text{ 立方厘米}$$

这个神奇的肥皂泡，真的是很多人认为的不能长时间存在的吗？答案并非如此，在特殊的情况下，肥皂泡存在的时间长达 10 天。在英国，由于提出空气液化理论而闻名的科学家杜瓦，他将肥皂泡放在一个特制的瓶子里，这个瓶子不但能够防尘、防干燥，还可以防止空气的震动。拥有了这些特殊的条件，肥皂泡的寿命是一个月，甚至更长的时间。另外，美国的劳伦斯把肥皂泡放置在玻璃罩中，保存了好几年也没有破裂，让人震惊不已。

3.31 改良漏斗

每个人都尝试过用漏斗将液体灌入瓶子里，灌入的时候，不久就要将漏斗拿起来一下，否则，瓶子中的空气无法排出，就会压着漏斗内的液体，使它们无法再灌进瓶子里了。当液体通过漏斗流进瓶子中后，就会压缩瓶子里的空气，使空气收缩，但收缩到无法在收缩的时候，它便会产生非常大的压力，这种压力就把液体堵到漏斗内。因此，为了更快速地将瓶子注满，我们只能频繁地将漏斗拿起，让瓶中被压缩的空气流出来，这样漏斗中的液体才能继续流

进瓶子里。

人类是世界上最聪明的物种，为了方便和快捷，我们制造了这样的漏斗，来方便我们的实验。在漏斗下面管状部分的外面，安上一些纵向的突起，这些突起使漏斗不能紧紧贴着瓶口内圈，这样就不用时不时的抬起漏斗了。只不过这个漏斗还不是很普遍，只在实验中看到过。

3.32 水杯翻转后里面的水有多重？

杯子内存放着纯净的水，如果我们将它翻转过来，那么杯内的水有多重呢？我想很多人都会回答：一点重量都没有，因为翻转后，杯中的水早就都倒出来了？怎么可能还有重量。

但如果水没有倒出来，又将怎样呢？

事实上，水杯翻转过来后，我们可以不让水倒出来。方法很简单，就像图55显示的那样。天平的一端吊着翻转后的高脚玻璃杯，虽然高脚杯内盛满了水，由于杯口被浸在了装水的容器中，所以杯中的水不会流出来；而天平的另一端则放着一个一模一样的空杯子。

请你猜想一下，天平的哪一端会更重一些？

很明显，吊着装了水的高脚杯的那一端要重一些。因为空气对杯子上部有压力，而杯中的水减弱了杯中空气对杯子下部的压力。这样一来，杯子上下所受的空气压力不相等，其差正好是杯中水的重量。若想使天平平衡，只有把另一端的杯中装满水。这就说明，无论杯子是否倒过来，杯

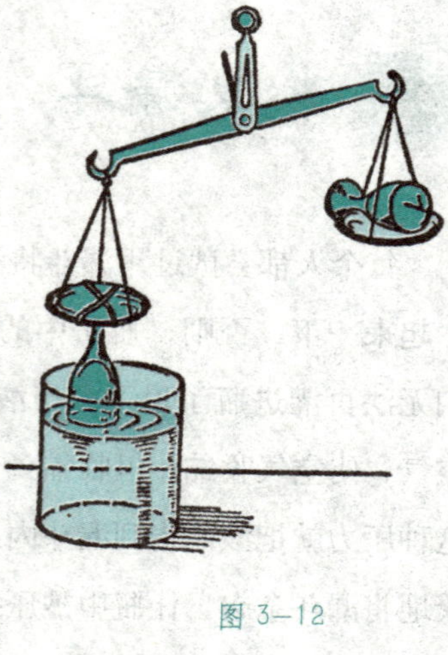

图 3–12

内水的重量都不会发生变化。

3.33 房间内空气的重量

你能否猜出一间普通的房间内空气的重量呢？是几克或者是几千克？这么重的东西是用手指举起来，还是用肩膀扛起来？

虽然我们知道空气是有重量的，但大部分人不能说出空气的具体重量。

实际情况是，在夏天，位于地面处的热空气，1 公升的重量是 $1\frac{1}{5}$克。我们知道，1 立方米是 1000 升，那么，1 立方米空气的重量是 $1\frac{1}{5}$千克。

现在，我们就可以计算出一间房里面空气的重量了。假如房间的面积是 15 平方米，高度是 3 米，那么，房间的体积就是 45 立方米，这也是空气的体积。所以，空气的重量是 $45\times1\frac{1}{5}=54$ 千克。没有想到吧，一间房子里的空气竟然这么重，不但手指举不起来，用肩膀扛也很费力。

3.34 淘气的瓶塞

如果你想知道空气压缩后是否会产生作用力，我们可以通过一个实验来探索一下，当然，这个实验是相当有趣的。需要的器材非常简单，一个普通的玻璃瓶和一个瓶塞，瓶塞比瓶口小一些。

现在，你便可以请一位朋友跟自己一起来做实验了。首先，把玻璃瓶垂直放好，把瓶塞放入瓶口后，让朋友把瓶塞吹到瓶子里去。

听起来是不是觉得太简单了，但事实并非如此，瓶塞不仅不会被吹进去，反而像一个叛逆的孩子，对着你飞过来。而且，你吹得越用力，瓶塞倒飞的速度就越快。如果你目瞪口呆，一时想不到方法的时候，我可以告诉你一个简单的方法，那就是对着瓶塞往嘴里吸气，而不是吹气。

听起来是不是有点匪夷所思，但我们只要这么做，瓶塞就真的乖乖地走到了瓶子里。其实，这个奇怪的现象很容易解释：当你对着瓶塞吹气的时候，空气就通过瓶塞与瓶口之间的空隙进入了瓶子，导致瓶内的气压不断增加，把瓶塞压了出来；相反，如果你吸气，瓶内的空气就变得稀薄了，瓶塞在将压力较大的外部空气压进瓶子里的时候，自己也进入了瓶子。这个实验的前提是，瓶口要完全干燥，湿的瓶口会和瓶塞发生摩擦，使得瓶塞无法进入瓶子里。

3.35 飞走的气球

游乐园中，我们不时会看到孩子们玩的气球从手里飞出去，它们随着空气忽上忽下，漂浮不定，你知道它们会飞到哪里去？又会飞多高吗？

我们都知道地球是有引力的，它不会轻易地让任何物体飞出自己的掌控中，何况是小小的气球，它绝不会飞到大气层外面，只能在自己的“极限”内跌跌撞撞。在那个高度，空气会非常稀薄，气球本身的重量加上里面气体的重量等于周围空气的重量。不过，大部分的气球不能达到这个“极限”，因为气球在上升的过程中会不断膨胀，慢慢地，内部的气压就会将气球撑破。

3.36 车胎内的空气

你仔细观察过汽车车轮的转动吗？当车轮向右滚动的时候，轮辋的转动方向是顺时针，那么，车胎内的空气是跟随它往同一个方向转动呢？还是叛逆地转向另一边？

物理学家告诉我们，车轮内的空气既不是作单一的顺时针运动，也不是单一的逆时针运动，而是同时向两个方向运动。

3.37 铁轨为什么会存在接头缝？

如果你是一个细心的人，就会留意到铁轨接头的地方，都会留有一定的空缝，也就是我们所说的接头缝，这绝不是一时疏忽或者大意，它的存在是有特别意义的。

热胀冷缩，似乎成了长久以来最为熟悉的物理定律，人们依靠它使生活节奏更加流畅舒适。铁轨亦遵循着热胀冷缩的规律。夏天，由于长时间的日晒，铁轨会变长，如果铁轨之间没有使之伸长的发展空间，铁轨就会互相挤压，发生变形，导致固定铁轨的道钉脱落，影响道路的畅通，造成严重的后果；冬天，铁轨也会感觉到寒冷，缓缓收缩着自己的身躯，空缝自然会变大。所以，人们铺铁轨的时候，接头缝的空隙大小至关重要，必须根据当地的气候仔细计算后，才能正确地铺好铁轨。

交通顺畅了，我们可以坐在温暖的车厢里，欣赏窗外美丽的风景，亦可以用货车来运载生活中必不可少的用品。说到货车，我们不能不提下铁轮毂，它是货车轮辋必不可少的物体，那么，如何将烧红的铁轮毂紧套在上面呢？这也依靠了热胀冷缩的原理。在烧热的时候套上，待冷却后，铁轮毂变小，就紧紧地套在了轮辋外面了。

3.38 杯子

家里有很多杯子，哥哥总是会选择杯底较厚的杯子来喝冷饮，而喝茶的时候，他又会选择很薄的杯子。对此我最初并未多加留意，直到一天他将手中滚开的茶杯放在茶几上的时候，我忍不住低低询问，哥哥微笑着，回答地简捷干脆：

喝冷饮用厚点的杯子更稳，不容易翻到，但用它喝茶就不太适合了，因为杯子内壁受热后，比杯底膨胀得厉害，会发生破裂。所以，喝茶的时候只能选择容器较薄，杯壁和杯底厚度相差不多的杯子，它受热后膨胀的程度会比较均匀，不容易发生破裂。

3.39 茶盖的小洞

中国有个传统习惯，就是家家都会存放茶，并对喝茶十分讲究，大到茶具，小到茶叶，无一不追求精致。我们选好了茶叶，选好了茶杯，现在却望着茶壶盖上的小洞出起神来，每一个金属茶盖上都会有的设计，它是做什么用的呢？

茶是用一定热量的水来烹制的，会产生蒸汽，如果这些蒸汽流不出来，就会将茶盖顶起来，影响茶的烹制效果，所以我们会设计一个小洞，让调皮的蒸汽能寻找到自己的出口。

那么，你有没有想过，壶盖受热后开始向各个方向膨胀，此时茶壶上的小洞又将发生怎样的变化呢？是变小还是变大？很多人都会觉得这个问题太简单，会不假思索地回答：小洞当然是变大的。

的确，物体上的小孔或者小洞，假如用这个物体的同种材料做成的一个圆柱填补上，受热后，它的体积就会膨胀，就跟容器一样。顺便说一下，由这个原理可知，受热后容器的容积会变大，而不是我们认为的变小。

3.40 烟

不知道你仔细观察过没有，农村的烟囱里所冒出的人间烟火是千变万化的。当没有风的时候，它会乖巧地往上冒，淡淡地化在空气中。

烟会往上冒是因为烟囱内的空气受热后会膨胀，变得比较轻，就会往上走，把烟推出烟囱。等到支持烟尘的空气冷却后，烟就会向下，落到地面上了。

3.41 不会燃烧的纸

纸张会燃烧，这是任何人都知道的现象。可是，今天我就来教大家做一个有趣的实验，让大家知道，烛苗上的纸也可以不燃烧。

要顺利完成这个实验的关键，不是燃烧的蜡烛，也不是纸条，而是一个铁块。我们用细窄的纸条把铁块包起来，就像医院里，护士小姐缠绷带那样。这时，我们把缠着纸条的铁块放在蜡烛上，上面的纸条却没有燃烧，而是被熏黑了。

为什么纸条没有烧起来呢？因为铁块跟所有的金属一样，有很好的导热性，它把火苗给纸条的热量吸走了，纸条达不到燃点，所以不会燃烧。如果用木条代替铁块，由于木头导热性很差，纸条绝对会燃烧起来。

同理，把绳子密密地缠在钥匙上，绳子也不会燃烧。

3.42 封堵窗框的秘密

冬天的时候，将窗框封堵得好，就能够保持房间的热量。也有很多人认为，两层窗框要比一层的好，其实，事实并非如此，房间内保持温暖，靠的不是窗框的数量，而是被封堵的室内空气。

我们都知道，空气的导热性很差，为了不让空气逃走的同时，将房间里的热量带走，我们必须将热空气严密地封堵在室内，保持房间的温暖。其实，空气是个可爱的小孩子，它总会被冷空气吸引，只要你给它留下一点机会，它都会偷偷溜出去玩耍，所以有人在窗户的上方留一点空隙是错误的，那样房间里的空气在受到外部冷空气挤压的时候，热空气会流掉，导致房间变冷。

如果没有密封条来贴窗缝，用厚纸条也可以。只有把窗户封严实了，才可以保住室内的暖空气。

3.43 关好的窗户也漏风

人们喜欢冬天，但也不能不承认冬天给我们的生活带来很多不方便的地方，最为关键的就是寒冷。为了驱逐冷气，我们想了很多的方法，可是为什么坐在封堵严密，没有一丝空隙的房子里，我们仍能感觉到从窗户漏进来的风呢？它是从哪里进来的呢？

自然界是个充满奥妙与神奇的世界，所有的物体都会互相吸引，或互相排斥，因为对方的存在而发生着奇妙的变化。空气没有一刻是静止的，就算在封闭的房间里，也存在着我们无法用肉眼看到的气流，这是空气的冷热交替产生的。其实，不管是什么物质，都是有生命力的。台灯、壁炉周围的空气受热就会变轻，被冷空气缓缓挤到天花板上去。同时，窗户、墙壁周围的空气，受冷就会收缩，渐渐流向地面。

如果想更清楚地看见房间里气流的运动，我们可以用孩子常玩的气球来做个实验。首先，气球上要挂一个重物，使气球不会像脱了缰绳的野马，离开自己的掌控范围，飞到天花板上去。有了重物的牵绊，它就会悬浮在半空中。当你把气球放在燃烧的壁炉旁边时，在气流作用下，气球开始在房间里恣意穿行，从壁炉边飞到窗户附近的天花板，再降落到地面上，接着回到了壁炉边，然后又飞到了天花板上。

就是因为这个原因，我们就算将窗户关得严严实实的，不让外面的风进来，我们依然感觉到窗户漏风，靠近地面的地方最严重。

3.44 如何用冰块冷却？

如何冷却克瓦斯[①]？冰块似乎成了很不错的选择，那么，我们该如何放置罐子呢？放在冰块的上面好些，还是冰块下面更稳妥些？

很多人会认为这不是一个值得探究的问题，直接将罐子放在冰块上就行了，就好像把做饭的锅放在火上一样。但是，这种方法并不正确。因为加热时，确实要从下往上，但冷却则是相反的，也就是说要从上往下。

经过最缜密的实验，我们可以确定，对于同种物体，温度低的物体比温度高的物体密度大。有了这种认知，便可以明白，当我们把冰放在罐子上面时，靠近冰块的部分被冷却后密度变大后流到下层，而常温的部分占据了上层的地方，不停地重复这样的过程。这样一来，在很短的时间内，罐子里所有的都会被冷却。不过，如果你是将冰块放在下面的话，首先被冷却的是下层的，它会

①可瓦斯是一种盛行于俄罗斯、乌克兰和其他东欧国家的，含低度酒精的饮料。

一直盘踞在那里，不会将地盘让给其余没有冷却的克瓦斯，导致整个罐子中的液体不会产生任何流动，冷却的速度会非常慢。

在我们日常生活中，并不是只有饮料需要用这样的方法来冷却，肉、蔬菜、鱼类都可以放在冰块下面，让冰块所产生的冷空气来冷却。其实，这些东西是被冷空气冷却的，而冷空气的运动是由上到下，而不是由下到上。所以，当你想给一间比较大的房间降温的时候，要把冰块放在比较高的地方，例如天花板、书架，而不是比较低的凳子上。

3.45 水蒸气

水蒸气对我们来说，一点都不陌生，它就好像身边最为平常的装饰，伸手就可以触及，但就是这样熟悉的水蒸气，你知道它是什么颜色的吗？

人们可能无需多加思索就能准确告诉你：水蒸气是无色、透明的。它飘忽在空气里，无拘无束，自由自在，是我们看不见的精灵。而被人们称作“蒸汽”的白色水雾，是由非常小的水滴聚集成的，是雾化之后的水，而不是真正的水蒸气。

3.46 唱歌的水壶

在烧水的时候，水壶就变成了歌唱家，发出美妙的声音来，这是为什么呢？

因为直接贴服或者靠近壶底的水，会在加热的过程中转化成水蒸气，在水里形成小小的气泡。这些气泡很轻，周围的水会把它们往上挤。遇到的水温度低于100℃时，气泡里的蒸汽就会冷却、收缩，周围的水把这些气泡挤破。因此，虽然水在沸腾之前会产生无数的气泡，但这些气泡在上升的过程中就破碎了，破碎的时候会产生轻微的噼啪声。所以，我们烧开水的时候，水在沸腾之前，我们都会听到这种奇妙的音乐。

水壶里的水沸腾的时候，不再产生气泡，歌声戛然而止。不过，只要水壶里的水开始冷却，音乐就又重现了。也就是说，只有在水沸腾前或者冷却的时候，茶壶才会唱歌，沸腾时是不会唱歌的。

3.47 旋转的风轮

现在我们要做的实验就好似秋天的果实般，散发着诱人的色彩，简单而有趣。找一张薄的卷烟纸，剪出一个正方形，沿着两条对角线分别对折，两条对角线的交点就是正方形的重心。找来一根细针，把针头对准正方形的重心，如此一来，它的重心受到向上的支撑力，正方形就会处于一种平衡状态。当风吹过来时，纸片就会在针头上旋转。

现在，我们的手慢慢地靠近它（图 3−13），注意，你的动作一定要小心谨慎一些，不要让手碰到纸片。这时，你会发现纸片开始旋转，由慢而快。当我们的手拿开时，它便调皮地停止旋转；我们的手再次靠近，它又开始了转动，像个精灵。

在 19 世纪 70 年代，人们认为这种神秘的转动是人体具备的某种超自然能

图 3−13

力，神秘主义者在这个实验中，更认为找到了支持自己学说的证据，他们认定人体能够释放出神秘的力量。但事实并非如此，这里面没有任何神秘之处，纸片之所以会转动，是因为手的温度传给了下方的空气，使之变热向上流动，碰到由于对折而微微向下倾斜的纸片后，促使它旋转起来。而且它转动的方向，是从手腕向手指的方向，这是因为指尖总是要比手掌凉一点，靠近手掌的地方向上的气流更多一些，给纸片更多的作用力，而手指的部分气流少一些，同时作用力也小。

3.48 毛皮大衣真能保暖吗？

在毛皮大衣是否会保暖的问题上，引发过很多的争议，不知道你的看法如何，如果有人用准确的实验向你证明，你又该如何应对，我想我会认真地面对这场实验，弄清楚其中的原因。

实验很简单，只需要一支温度计而已。记住温度计上的读数，然后把它裹在毛皮大衣里，过一段时间后将它取出，你竟然发现上面的度数上升甚微，几乎保持着原有的读数。这足以证明毛皮大衣不能保暖，有时候甚至会变凉。

找来两个冰袋，一个裹在大衣的里面，另一个放在门窗敞开的房间里，等到房间里的冰袋融化后，我们把大衣里面的冰袋取出来，发现冰袋里面的冰块还没有融化的迹象，完全像个坚贞不屈的勇士，捍卫自己的权利。这说明，毛皮大衣不但不能使冰块升温，还大大减弱了冰块融化的速度。

这是不是说，毛皮大衣没有作用呢？我们能够推翻上面的说法吗？

如果保暖就是传递热量的话，那么，毛皮大衣的确不能保暖。我们知道，台灯、炉子、人体都能够传递热量，也能够散发热量。但毛皮大衣不能传递热量，也无法散发热量，只能阻止我们身体热量的散发。正因为如此，当我们穿着毛皮大衣时，会比不穿暖和得多。由于温度计不能散发热量，所以把它放在毛皮大衣里面，几乎没有发生任何变化。放在毛皮大衣里面的冰袋不容易融化，说明了大衣的导热性非常差，无法把空气中的热量传递给冰袋。

就这方面而言，毛皮大衣和积雪非常类似。跟其他粉粒状的物体一样，雪花的导热性也极差，覆盖在地面上以后，就好像一层保护膜，保护了土壤里的热量。我们将温度计插到积雪覆盖的土壤中，你会发现土壤中的温度比外面的温度大约高出 10℃。也就是说，积雪虽然导热差，但维系原状不变的能力却很强。毛皮大衣也一样，能够帮我们保护好自身的温度，使热量不流失。

3.49 房间的通风

冬天，房间里保持着封闭温暖的状态，我们应该适时地进行通风，保持更加健康的生活环境。冬天通风的最好办法就是：在燃烧壁炉时，打开通风窗。外面的冷空气进来后，会将房间里较轻的暖空气挤进壁炉，促使它顺着烟囱飞到了室外。

通风窗关闭的时候，完全不会发生同样的事情，因为室外的空气不会通过墙壁的缝隙进入房间。虽然冷空气可能会进入我们的室内，但它的量太少，不足以维持壁炉的燃烧。因此，进入室内的空气比较混浊，而这些空气中有尘埃，既不干净也不新鲜，会给我们的身体健康带来不良的影响，所以要经常通风换气。

3.50 通风窗的位置

每个家庭都会安装通风窗，那么若你选择，会将通风窗安装在什么地方呢？

是窗户的上面，还是下面？很多住宅在安装通风窗的时候，为了方便会选择下面，但这样的通风窗很难起到通风的作用。

我们都知道，室内的空气要比室外的热而轻，室外的空气进来后会把室内的空气挤走，但冷空气只能待在室内较低的地方，甚至比通风口还低。这样一来，高于通风口的那部分空气就无法进行替换，导致通风窗起不到通风的作用。

3.51 玻璃灯罩的作用

一个玻璃灯罩要经过多长时间才变成了现在的这个样子。几千年来，人们似乎习惯了直接用火焰来照明，直到达·芬奇发明了金属管罩在火焰的外面，人们才得到了一些启示，想用其他的东西来代替。三百年后，用透明的玻璃罩代替了金属罩，所以说这个看似简单的玻璃罩却是几代人共同发明创造的。

那么，这个看似如此简单的玻璃罩，到底有何作用呢？挡风？装饰？恐怕不是所有人都能准确回答出来。其实，用玻璃罩挡风是次要的，它跟煤炉的烟囱的作用大同小异，最主要的功能是增加火焰的亮度，提高燃烧的速度，因为玻璃罩能够加速通向火焰的气流。

我们来好好探讨一下吧。玻璃灯罩内部的空气加热速度比灯泡外的空气快得多，受热的空气会变轻，而冷空气则会通过灯泡下方的小孔，源源不断地涌进来，将热空气挤到上面去。灯罩越高，热、冷空气的重量相差越大，空气流动的速度越快，导致燃烧速度变快。

达·芬奇就是发现了这一点，才发明了灯罩。他的笔记中有这样的记载："只要有火焰，就会在周围形成气流，它在维持火焰燃烧的同时，还加快了火焰的燃烧速度。"

3.52 为何火焰不会自己熄灭？

火焰对于任何人来说都不会陌生，坐在咖啡厅里，面前往往都会有一盏精致的蜡烛在燃烧，温暖而柔情，我们静静凝望的同时，会忍不住想象：为何火焰不会自己熄灭呢？我们都知道，燃烧会产生不易燃烧的二氧化碳和水蒸气，它们会破坏维系燃烧的基本条件。也就是说，火焰一旦燃烧起来，就被不易燃烧的物质包围着，这些物质阻碍了空气的流动。在没了空气的情况下，燃烧又怎能持续，毫无疑义火焰应该熄灭了啊！

可是，事实并非如此，这是为什么呢？为什么只要可燃物质不断，燃烧就会持续呢？如果你困惑得不知道如何是好的话，我可以给你一个精准的答案，那就是气体受热后会膨胀变轻，不会再乖巧地待在火焰的周围，它会渐渐地被新鲜的空气挤走。

燃烧产生的物质会对火焰产生负面影响，我们经常利用这一点来灭火。在生活中，我们会从上往下吹灭煤油灯，把燃烧产生的不易燃烧的气体重新还给火焰，使火苗无法得到新鲜的空气，一下子就熄灭了。

3.53 水是火焰的天敌

水是火焰的天敌，任何人都不会对此产生怀疑，就和白天明亮，夜晚漆黑一样简单明了。可是，为什么水会是火焰的天敌，未必所有的人都能够回答这个问题。

那么，就让我们来慢慢探究一下吧。简单地解释一下水对火焰产生的影响，也是非常不错的。

我们都知道，水遇到燃烧的物体之后就会变成水蒸气，也会将大量的热量从燃烧的物体里带走。而且，把沸腾的开水变成水蒸气，比将同体积的冰水加热到100℃需要的热量多得多；再者，水变成水蒸气之后，体积就会比原来增加几百倍。水蒸气挤走物体周围的空气，在没有空气（氧气）的情况下，任何物体都无法燃烧的。

人们为了更好地浇灭火焰，你知道用了什么刺激惊险的办法吗？那就是在水里添加火药，因为火药能够迅速燃烧，产生更多、更大量的不易燃烧的气体，而这些气体会包围在燃烧的物体，起到阻碍燃烧的作用。

3.54 用冰加热与用开水加热

你尝试用一块冰给另一块冰加热，或者用一块冰给另一块冰制冷吗？没有！那么，你用一份开水给另一份开水加热过吗？听起来是不是有点怪异，但这里面却有可行的地方。

如果一块冰的温度很低，在零下20℃左右，那么，用它去接触另一块温度在零下5℃的冰，另一块冰就会把自身的热量传递给这一块冰，最后两块冰的温度相同，一块变热了，另一块则变冷了。

所以，冰块之间加热或者制冷是相当可行的。

至于开水之间是不能相互加热的，因为在气压相同的情况下，沸点不会发生变化，无法进行热的传递。

3.55 开水是否能将水烧开？

小的时候很调皮，曾经做过这样的实验，在一个小玻璃瓶装里一些水，放在装有水的锅里，一起加热。为了让瓶子接触不到锅底的，我选择一根绳子来帮忙。没过多久，锅里的水开始沸腾，我期待瓶子里的水也随之沸腾起来，可是等了好久好久，也没有看到这种现象。虽然瓶子里的水很烫很烫了，但就是无法沸腾，难道锅子里的沸水不能把瓶子里的水烧开吗？

这个结果应该在预料之中。我们要知道，水沸腾的条件是，加热到 100 摄氏度和储备足够的热能。一个大气压下，纯净水的沸点是 100 摄氏度，达到沸点后，无论再怎么加热，水的温度都不会升高了。也就是说，锅里水的温度是 100 摄氏度，它能够把瓶子里的水加热到同等温度，可是达到这个温度后，锅里的水无法再向瓶子里传递热量，没有足够的储备热能使瓶子中的水转化成水蒸气（500 卡路里[1]的热量才能使 1 克 100 摄氏度的水转化成水蒸气），所以瓶子里的水是无法沸腾的。

大家可能会产生这样的疑问：锅里的水和瓶中的水有区别吗？仅仅隔了一层玻璃，瓶里的水就不能沸腾了？

瓶子里的水不能参与锅中的运动，也不能和锅底相碰触，只能够隔着玻璃和锅里的沸水接触而已。

既然纯净水无法使瓶里的水沸腾，我们可以想一些方法，改变一下，那就是在锅里撒点盐。因为盐水的沸点高于 100 摄氏度，这样就可以使瓶子里的水沸腾了。

---

①卡路里是热量单位，使 1 克升高 1 摄氏度需要的热量是 1 卡路里。

3.56 雪能将水烧开吗？

“纯净水无法使瓶里的水沸腾，那么，用雪可以吗？”有些人可能会这样问。先不用急着回答，我们用一个小实验来验证一下。

首先，在小玻璃瓶中加上半杯水，把它放在沸腾的盐水中。等到瓶子里的水沸腾时，把小玻璃瓶从锅里拿出来，马上用准备好的瓶塞塞住；接着，将瓶子倒过来，等到里面的水冷却点儿，不再沸腾了，我们把开水浇在瓶子上，瓶中的水不会沸腾。这个时候，如果把一些雪放在瓶子的底部，或者用冷水去浇瓶子（图 3–14），瓶子的水又沸腾了。

结果是不是很奇妙？冰冷的雪居然完成了沸水无法完成的任务。我们摸摸瓶子，它也不像刚才那么烫，只是有点热而已。此时，一定有很多读者忍不住询问其中的原因。而谜底也真的很简单：雪降低了玻璃瓶的温度，使瓶内的水

图 3–14

图 3–15

蒸气受冷凝结成了小水滴。由于水第一次沸腾的时候把瓶内的空气排到了瓶外，导致现在瓶里的水的气压变低。我们知道，气压越低，液体的沸点也会越低，所以瓶内的水就沸腾了。

做这个实验一定要注意安全，如果玻璃瓶非常薄，瓶外的气压可能会把玻璃瓶压破，造成一定的危险。所以，我们可以选择圆形的玻璃瓶，它的底部比较突出，拱形可以承受较大的气压，比较安全。

如果你选择是装煤油或润滑油的白铁罐来做实验，等到水不再沸腾后，用凉水去浇。这时，外界的气压会压扁白铁罐，因为里面的水蒸气受冷凝结成了小水滴（图 3–15）。这样一来，白铁罐就变得皱巴巴的，像是被砸过一样。

3.57 烫手的鸡蛋

鸡蛋几乎是生活中必不可少的食物，给餐桌增加了不少色彩，它的吃法很多，最常见的就是煮鸡蛋。从沸水中拿出来的鸡蛋，又湿又烫，却不会烫到我们的手，因为鸡蛋表面蒸发的水，降低了蛋壳表面的温度，这种状态也不会保留很久，鸡蛋变干以后，它又会回到起初的高温状态了。

3.58 熨斗的另一种功能

不知道你仔细观察过没有，熨斗在烫平我们衣服的同时，也起到了一定的去除纺织物上油渍的作用。

曾经看过麦克斯韦的《热理论》，他说："如果每个部位油渍的温度都是不同的，油渍就会从温度高的地方转移到温度低的地方，如果我们把烧热的熨斗放在布的一端，再在另一端放上一块棉布，那么油渍就会转移到棉布上去了。”这就说明温度越高，液体表面的张力就越小，从而熨斗便起到了吸收油渍的功能，在操作的时候，要在与熨斗相反的方向放上适当的材料吸收油渍。

3.59 我们的视野到底能看多远？

人们都说站得高，望得远。当我们站在平坦的地面上，我们的视野有限，只能看到地平线上的各种视物，比如郁郁葱葱的树木，冒着炊烟的房屋，和远处高大的建筑，只是我们无法看到这些建筑的全貌，只能看到它的顶端，凸起的地面调皮地把下面的部分挡住了。

人们一直有一个视觉上的误区，以为平坦的陆地和安静的海洋是完全水平的，其实它们总有凸起来的地方，形成了弯曲的地表，阻碍着我们的视野。

所以我一直也都很好奇，一个中等身高的人，站在平坦的地面上，他究竟能看多远？

经过反复测试我们知道了，他只能看到方圆 5 千米之内的景观，如果他能站得更高，才能看得更远。平原上的骑手最远能看到方圆 6 千米以内的景物，站在水平面以上 10 米的桅杆上的水手，最远能看到方圆 16 千米以内的海面，如果站在水平面 60 米以上的灯塔顶端，最远能看到方圆 30 千米的海面。

以此类推，我们可以想象得出，飞行员的视野会更加的广阔了，在没有云雾干扰的条件下，飞行员在 1000 米的高度上，他可以看到方圆 120 千米以内的景物，用好的望远镜，在 2000 米的高度上能看到方圆 160 千米内的景物，航空员乘坐平流层气球，飞升到 22 千米的高空，这时他最远能看到方圆 560 千米内的景物，这个数字是相当惊人的。

所以说人只有站得高，才能看得更远。

3.60 会唱歌的蝈蝈

小时候很调皮，经常会做一些实验来捉弄伙伴，记得有一次，我想起了一个非常有趣的物理实验，找他来帮忙，我用一块布先将他的眼睛蒙上，然后叫他安静地坐在房间中央的那把木椅上。我悄然后退几步，找来事先准备好的两枚硬币，小心地在房间不同位置将硬币互相碰撞，当然不管哪个位置，距离伙伴的距离都是相等的，这时你可以叫他猜测一下，你敲击硬币的地方。

结果往往出乎意料，伙伴无法猜对，我站在房间的这头敲击，他却指向了相反的那个方向。当然，如果你始终站在一个方向的话，那他猜错的几率就会小一些了。

这不能不叫我想起草丛里欢悦的蝈蝈，它叫得那么起劲，我们却分辨不出它究竟在哪里唱歌。你明明听到那声音从离你右边两三步的地方传过来的，可是当你往那里冲过去寻找时，却一无所获，再仔细倾听，你居然发现声音来自相反的方向了。

蝈蝈神奇般的速度叫你既困惑又惊奇，你越是想找到它，它就越是跟你捉迷藏，将无形的逃离般的声音演绎得越快。其实你知道吗？它始终静静地待在原地呢，你认为的跳跃、逃离，完全是听觉上产生的幻觉，你在寻找的过程中犯了致命的错误，那就是当你回头的时候，你头的位置改变了，但在你听来好像是蝈蝈跳开了，蝈蝈明明在你前面唱歌，你却错误地认为它在相反的方向。

如果，你想正确地找到蝈蝈，那么你应该学会一件事情，“侧耳倾听”，我们应该把眼睛测到一边，而不应该把眼睛转向声音，叫耳朵对着声音的方向仔细辨认，那么事情便会简单得多。

3.61 回音

在一个空旷的房间里，我们发出的声音会因为墙壁或其他物体的阻拦，返回来重新回到耳朵里，我们将这种声音叫回声。很多时候这种声音会变得有些模糊不清，如若我们想听得清楚一些，那么声音发出和返回之间的时间间隔要长，否则，反射回来的声音便和最初的声音交融在一起，从而使第一个声音加强，故而就会混杂而响亮了。

如果你站在一个空旷的地方，设想一下，距离面前的别墅只要 33 米，你若拍打手掌，声音会经过 33 米的路程到达别墅的墙壁，再被反弹回来。整个过程需要多长的时间来完成？

声音需要向前跑33米，再走过相同的一段距离返回原处，加起来就是66米，那么它返回原处所用的时间就是 66 ∶ 330，也就是五分之一秒，如果第一个声可以用这么短的时间完成，那么这两个声音就不会重合，它们将一前一后地传进你的耳朵里。

但是每一个单音节的单词，比如“是”、“不”等，我们完成发音大约需要五分之一秒的时间，所以，如果我们在障碍物前方 33 米的地方，那么我们就能听到单音节词的回声，如果是双音节词，那么两个声音在这个距离上就必然会重合，回声会毫不留情地使第一个声音加强，那么这个回声就会变得非常不清楚，这一前一后的两个声音我们就无法听清楚了。

如果想清晰地听到如“哎呀”、“你好”双音节词的回声，又需要在离障碍物多远的地方发声呢？它的发音时间大约为五分之二秒，双音节词的发音时间是单音节词的两倍，声音在这个时间内会到达障碍物后再返回原处，就是人与障碍物距离的两倍，经过计算得：$330\times\frac{2}{5}=132$ 米。这个距离的一半是 66 米，也就是说，最少要在距离障碍物 66 米处才能听清楚回声。

如此一来，你应该很容易就能计算出来，三音节单词的回声需要多少米的距离了吧？它的答案是约 100 米。

3.62 音乐瓶

如果你是个有音乐细胞的人，你一定能用普通的玻璃瓶制作出一个类似摇滚乐的乐器来，还能用这个自制的乐器弹奏出简单的曲子，供给大家欣赏。

如果你有感兴趣的话，我们就一起动手来做一做吧，如图 3–16 中所示。首先我们要找来两根长杆水平地架在椅子上，再把 16 个装了水的玻璃瓶挂在杆上。第一个瓶子要几乎装满水，第二个比第一个少一些，第三个与第二个相比要少一些，以此类推，最后一个瓶子里的水便已经非常少了。

这不能不令我想起古代的一种名为编钟的乐器，虽然我们所制作的“编钟”，

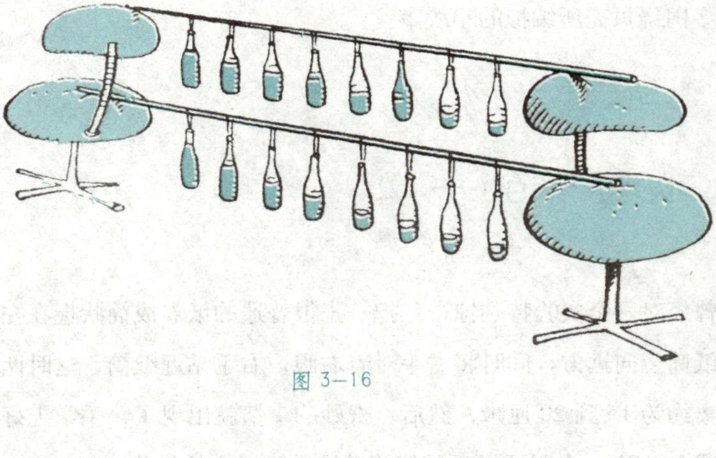

图 3–16

工艺没有那么复杂，视觉上也没有那么壮观，但是我们依旧可找来一个干燥木棒来敲打那些瓶子，你就能够听到不同音阶的音调如流水般宣泄出来，瓶子里水越少，音调就越高，所以通过加水，或者减水的方法，得到自己想要的音调。

有了这两个八度，你就可以用这个玻璃制作的透明编钟演奏出简单的乐曲了。

3.63 贝壳里的音乐会

不知道你发现没有，我们将耳朵贴在茶壶或者大贝壳上，就会听到很多奇妙的声音，好像一场看似凌乱，却亦美妙的音乐会，你知道这些声音是从哪里来的吗？

贝壳是一个共鸣器，它能够放大我们身边各种各样的声音，由于其作用太过微弱，它们的存在并未引起我们的注意，但经过贝壳的传播，还是能勾起我们的好奇和感叹。轻轻将贝壳贴服在耳边，听着各种声音汇凝在一起，交织着形成了大海的波涛声，一波一波击打着我们的心跳，让人遐想连连，于是便产生了很多围绕贝壳所编拟的小故事。

3.64 观察你的手掌

我曾经对一个实验特别惊奇：把一张很普通的纸卷成筒状握在左手中，左眼透过纸筒望向远方，同时将右手对着右眼，右手贴近纸筒，这时两只手和眼睛的距离约为 15 到 20 厘米，然后，奇妙的事情就出现了，手掌上好像有一个圆洞（图 3−17），右眼透过手掌能清楚地看到远方的景象。

很多人在惊叹这一现象的同时，会悄悄询问：这究竟是什么原因呢？

其实产生这种结果的原因并不那么复杂，你的左眼里面的晶状体为了能够看到远处的物体对自身进行了相应的调节，而眼睛的构造和工作是相互协调的，两只眼睛的情况总是相同的。

图 3—17

所以，当我们的右眼调整成远视状态的时候，近在眼前的手掌反而变得模糊不清了，也就是说，左眼能看清远处的物体时，右眼却无法看清手掌，这时你便以为你透过自己的手掌看到了远处的景象。

3.65 望远镜

望远镜对于所有人来说都不是很陌生，连小学生都会拿个儿童望远镜，像模像样地学着海军的样子，眺望远方。那么你知道，当你在海边透过放大倍数是 3 倍的望远镜观察一艘正在向岸边行驶的轮船时，那么船的速度被放大了多少倍呢？

如果你一时回答不上来，那么让我们静下心来，认真来寻找答案吧！假设轮船距离海岸 600 米，以每秒 5 米的速度驶向观察者，这时我们用三倍的望眼镜观察的时候，600 米的距离看起来就像是 200 米一样，一分钟后，它靠近了 $5\times60=300$ 米，也就是说它距离观察者的距离是 300 米；用望远镜看轮船就像在距离 100 米的地方一样。也就是说，对于观察者来说，轮船行驶了 200 减去 100，就是 100 米，其实它行驶的距离是 300 米，这样算来就很清楚了，轮船行驶的速度被缩小为实际的$\frac{1}{3}$，而不是被放大为实际的 3 倍。

你可以用另一组数据，也就是不同的初始距离，不同的行驶速度，不同的时间间隔再次验证这个结果，但最终的结论还是一样的。所以用望远镜来观察，轮船的行驶速度缩小的倍数和望远镜放大的倍数正好相同。

3.66 前面还是后面？

生活中有很多生活常识，有人知道的多些，有人对一些常识却不甚了解，就好像我们在前面提到过的，利用冰块进行冷却的实验，很多人的选择是将需要冷却的饮料放在了冰块的上面，而不是下面，浪费了很多时间也很难得到理想的效果。

这也让我不能不想到生活中另一个的必需品——镜子！每一个家庭都有镜子，这样习以为常的东西也不是所有人都会使用的，人们想更清楚地看到镜子中的自己，会选择一盏明亮的灯放在自己的后面，其实，你知道吗？这是完全错误的举动，它只会照亮你的影子，而不是照亮你自己。

100 个女人中，有 99 个女人照镜子时都会这么做，即我们的女性读者中就那 1%，知道把灯放在自己前面来照镜子。

3.67 镜前作画

人们一直都认为，镜子中的景象和原本的实物是完全相同的，可事实并非如此，这是一个错误的认知。我们通过一些简单的实验就能清楚地明白了。

将一面镜子垂直的竖在自己面前，把一张纸放在镜子前，在纸上画一个图形，任何图形都可以，我选择画的是一个带对角线的长方形，画的时候，不要直接看自己的手，而是观察镜子中反射出来的手的动作。

这时你会发现，你认为做起来再简单不过的事，忽然变得非常困难。我们的视觉印象和运动感觉，在多年时间的磨练下，形成了一定的相互默契，而镜子却轻易破坏了这种联系，手的运动在你的眼中完全变了样，你的习惯成了你每一步动作的阻碍，你想往左画线条，可是手却不听话地画到了右边，你想向上画，却悲哀地发现，线条成了往下的了。

如此简单的画线条都无法完成，那么想根据眼前镜子中的景象画一些较难的图形，或者写一些字体也变得更加艰难了，你会发现写出来的就像是天书，根本与自己想象的完全不一样。

在镜子中，吸墨纸上面的字是对称的，在镜子中观察写了签名的吸墨纸，尝试读出上面的字，你会发现自己的舌头打结，竟然连一个字都不认识，即使是写得清清楚楚地字，结果还是一样。

这是为什么呢？

因为与寻常的状态不一样，字母完全向左倾斜了，而且排列的状态跟自己已经习惯的大不相同，如果你想改变这种状态也是可以的，只要在纸上再垂直的放一面镜子，使它对着原来的镜子，这时，你就会发现那些字母像被神奇魔法解咒了一样，又恢复了正常，镜子将正常文字对称反向后的影子又对称过来了。

3.68 白色的雪与黑色的丝绒

黑色的丝绒和白色的雪在太阳光下相互比较，哪一个会更亮一些呢？

当我问出这个问题的时候，很多人都会觉得不可思议，这完全是不需要争论的事情啊！世界上似乎没有什么东西能比黑色的丝绒更黑，亦没有什么东西比白色的雪花更白的了，这两种对比如此明显的物质又何须来比较呢？

其实，世界上很多你认为正确的结果，在特定的场合或者环境中，未必还能保持原有的正确，也就是说世间的东西千变万幻，没有什么是是绝对的，就宛似摆在我们面前的这两个经典的黑白，明暗的样板，我们只需用一个普通的物理器材——光度计来观察，它就完全不一样了。那个时候，太阳光下最黑的天鹅绒也会比月光下最白的雪花更亮。

不管物体表面颜色有多黑，它都无法将照射在它上面的光线完全吸收，生活中，我们经常用到的炭笔，是极其黑的颜色了，它也会使1%到2%的光线流失。我们假设黑丝绒会分散1%的光线，雪就会分散100%的光线（这当然有些夸张，因为刚降下的雪只能反射80%的光）。

我们都知道，太阳光的亮度是月光的四十万倍，所以黑丝绒所分散的百分之一的太阳光，要比雪花分散百分之百的月光密集几千倍，换句话说，太阳光喜爱的黑丝绒要比月光下的雪花亮几千倍。

上面的结论当然不只适用于雪花，它适用于所有的白色物体，就连最亮的锌钡白，它能分散照射其上91%的光线，除了白炽的物体，所有物体表面分散的光线都不可能超过照射其上的光线，而月光要比太阳光弱四十万倍，所以不存在月光下的白色比太阳光下最黑的颜色还要亮。

3.69 洁净的雪

我们都知道雪花是由透明的冰晶构成的，但是在视觉里，它呈现在我们面前的却是洁净的白，跟碎玻璃或所有磨碎的物体看上去一样碾白。

在冬天，我们经常会拍打台阶上的冰块，甚至将它们碾碎，这时你一定能够得到一些白色的粉末，在阳光下闪动耀眼的光芒，其实你知道吗？光线照射在这些粉末上是无法穿透过去的，而是在冰末和空气中进行了内部反射，因为冰块表面将光线向各个方向分散出去，所以呈现在我们眼前的就是纯净的白色了。

雪是由粉末状的雪花组成的，如若用水把雪花之间的空隙填满的话，雪就不会再保持原有的色彩，就会变成透明的了，这个实验做起来很简单，只要我们将雪花撒在罐子里，再往里添水，就可以轻轻松松地完成了。

3.70 亮晶晶的靴子

低头看看脚上的鞋子，你会发现几乎一大半的人，所选择的都是皮子所制的鞋子，不但美观而且也很容易打理，只要用鞋油轻轻擦过便能够闪闪发亮了。那么你有没有想过，这是为什么吗？

黑色鞋油和刷子里面似乎并不存在什么特别物质，却能有把鞋子擦得闪闪发亮的效果，靴子刷过后，皮鞋居然奇迹般的光亮起来，这种现象像谜团一样困扰在人们的心头，且挥之不去。那么，就让我们探寻一下原因吧。

想知道谜底，我们就要先弄清楚抛光发亮的表面和毛表面的区别在哪儿，一直以来，人们都认为，抛光的表面像净空一样柔静光滑，而毛表面像是峰棱的沙漠，粗糙毛劣。可是你知道吗？我们的这种认知是非常错误的，世界上根本不存在绝对光滑的表面，它们都存在着起伏、凹陷、刮痕，只是程度不同，造就的结果不同而已。我们在显微镜下，观察抛光过的表面，放大1000万倍后，我们依旧发现，这个看似光滑的表面上出现了一座座小山丘。

起伏的程度决定着效果，如果它们比照射在物体上光线的波长短，光线就会正常地反射回来，那时光线的反射角等于入射角，物体表面就会变得像镜子一样光洁闪亮，我们称之为抛光表面。但是如果起伏的程度比照射在物体上光线的波长长，那么光线就不能正常反射回去，光线会分散，这样的光线再也无法形成镜子般的效果了，表面没有光亮，这样的表面就是毛表面。

所以，同一表面在不同的光线照射中会呈现不同的效果，某些光线照射后可能会形成抛光的，而被另一些光线照射，又非常可能形成毛表面了。因为光的平均波长是半微米，也就是0.0005毫米。如果起伏小于这个数值的表面，就会成为我们眼中的抛光面，在波长更长的红外线下，亦是如此，但是在波长非常短的紫外线下，它就会成为毛表面了。

现在，再回到我们的问题上来吧。刷子刷过的靴子为什么会发亮？我们没有用鞋油来擦拭的时候，皮制表面会有许多上下起伏的地方，这种程度远大于可见光的波长，它就成了毛的。刷上胶质的鞋油后，粗糙的皮制表面就会被一层薄膜覆盖起来，能够有效减缓起伏的程度，还能压平竖着的绒毛，刷子则能将凸起部分的鞋油带走，并把这些鞋油填补到凹陷的地方，所以，靴子表面起伏的程度就有可能比可见光的波长短，皮鞋的毛表面也会成为光表面了。

3.71 观察彩色玻璃后面的花朵

透过绿色的玻璃看红色的花朵，花会呈现出什么样的颜色？若是蓝色的花又会呈现出什么颜色？

其实，这个问题并不难，而且很有趣。我们都知道只有绿光才能够透过绿色的玻璃，其余光线都会毫不留情地被阻挡；而红色的花朵几乎无法反射出其他颜色，只能反射红色的光。透过绿色的玻璃看红色的花朵，我们是无法接受到任何光线的，因为红色的花朵反射出的唯一光线就是红色光线，却被玻璃阻挡了，所以透过绿色的玻璃观看红色的花朵，只能看到它是一朵黑色的花。

物理学家、画家米·尤·比阿特洛夫斯基教授对大自然有着非常敏锐的观察力，他在自己的著作《夏季旅行中的物理学》中提到了许多关于这方面的见解，我们一起来阅读一下吧：

透过红色的玻璃观察花朵，你会发现这样一个现象，像天竺葵这种纯红色的花，在红色的玻璃后面会变成洁白的花朵；；而透过这种颜色的玻璃观察绿叶，则呈现出了带着金属光芒的黑色；观察乌头，“骑士的马刺”①这种蓝色的花时则更黑，以致于在绿叶的黑色背景下几乎无法辨认出它们；观察黄色、玫瑰色和淡紫色的花朵时，它们的颜色也会变暗，只是变暗的程度不同而已。

透过绿色的玻璃观察绿叶时，绿叶会变得非常明亮；观察白色的花朵时，花朵会在绿色玻璃的衬托下更加明亮耀眼；观察黄色和蓝色的花时，它们的颜色会变得稍淡一些；观察红色的花朵时，花朵就成暗黑色了；观察淡紫色和淡粉色的花朵时，它们的颜色会暗淡发灰，观察野蔷薇淡粉色的花瓣时，它们看上去比那浓密的叶片颜色还要暗。

透过蓝色的玻璃观察红色的花朵时，红色的花就会成黑色的花了；观察白色的花朵时，花朵颜色很明亮；观察黄色的花时，花朵就变成了全黑的；观察天蓝色和蓝色的花时，它们会明亮耀眼得像白色花朵一样。

所以说，和其他颜色的花相比较，红色的花朵能够反射最多的红色光线到我们眼中；黄色的花朵可以将数量几乎相等的红光和绿光反射回来，而反射出的蓝光就显得很少，粉红色和紫色的花能够将许多红光和蓝光反射回来，但只能反射很少的绿光。

3.72 红色信号灯

铁路停车站的信号灯都是红色的，你知道其中的原因吗？

红光的波长与其他颜色的相比较长，这就令它不容易被空气中的浮尘颗粒分散，何况它比其他任何颜色的光穿透的距离都要长，停车站信号灯可见距离的长短又非常重要，因为若想使列车迅速停下，就需要驾驶员在距离停靠点很远的地方就开始刹车，它要求信号灯必须鲜明而清晰，所以，选择红色是最好的。

人们之所以制作了红外天文滤光镜来拍摄星球表面，就是利用在能见度高

① “骑士的马刺”，也就是翠雀花，俄罗斯人用骑士手中的马刺来形象地比喻它。

的大气中，波长长的光线穿透的距离更长这个原理。穿透红外线的滤光镜拍摄出来的照片，是普通照相机所无法比拟的，它能够将普通照相机无法拍摄下的细节，清晰地呈现在你的面前。所以，普通照相机只能拍大气层的云朵，而红外线的滤光镜就将星球表面上所有的一切展示在我们视觉中，一清二楚。

停车站信号灯选择红色还有另外一个原因，就是相比蓝色和绿色，我们的眼睛对红色更加的敏感。

第4章

视觉的错觉

4.1 视觉的错觉

视觉欺骗不是我们视觉上日常偶然的现象，它们就像是顽皮的小孩子，只会在非常固定的条件下蹦蹦跳跳来到你面前，具有规律现象的恒常性，而且所有正常人的眼睛都不可能逃脱这个规律。

人们在某种特定的环境下，往往会产生视力错觉，无法正确认识所看到的事物，其实这不值得大惊小怪，甚至错误地认为是人的机体缺陷。你知道吗？对于画家而言，不能认清事物的真实性倒是非常值得庆幸的，它可以使艺术创造手段大大丰富。

18 世纪著名数学家欧勒这样认为："画家们对于这种普通适用的欺骗性是很善于把握的，他们的绘画艺术几乎完全建立在这种欺骗的基础上，如果我们习惯按事物的本来面目去评价事物，那么画画这个艺术就没有它的立足之地了，在某些时候，我们也会成了盲人。美术家竭尽全力用混合的色彩表现自己对艺术的追求，这在我们眼中只是：这块板子上有个红色斑点，这是蓝色的，这是黑色的，那边有几条白色线条；这些线条和斑点都在同一平面上，距离的差异也看不出来，也没有把事物描绘出来，不管木板上的图画多么清晰明了，其中不同颜色斑点的含义，我们仍然要仔细辨认。在这样的状态下，我们就无法从美术作品中享受到愉悦和教益，这不是一件令人惋惜的事吗？"

视觉上的骗局激起了画家、物理学家、医生、心理学家、生理学家、哲学家以及太多太多好学的人的浓厚兴趣，但是至今，我们依旧在斑斓的书架上，很难找到一本能够或多或少总结视错觉现象的实例①。

---

①我只知道俄罗斯出版过这样一本小册子：《视觉和它的骗局》（1911），书中列举了 20 个视觉欺骗的事例。

现在，有这方面的国内外著作在陆续出版。例如：《看本质》，作者：马科维耶茨基 · п · В，莫斯科：科学出版社，1968 年；《视错觉》作者：托兰斯基 С，莫斯科：科学出版社，1967 年。

本章首先总结了视觉骗局的几个主要类型。因为这些例子，不用借助显微镜或者任何一个辅助措施，只要通过肉眼就能够观察到，并分析得很清楚。

而视觉骗局造成的原因，只有极少一部分视错觉现象有了正确而无可争议的解释，其中包括眼睛构造导致的象散现象、光渗、马略特盲点等视错觉，至于其他视觉欺骗也有很多内容，在西方，这些现象都有着相当丰富的文献，可惜除了肖像错觉外，没有任何明确的结论。

如果你还是不甚明白，我们就来讲解一下，以133页图4−41A为例，许多白色圆形斑点以某种特定的形式，分布在黑色背景上，站在远处静静观望，这些圆点看上去像是六角形。由于图案的浅色部分让人感觉有所扩大，造成了一种视觉错觉，而这种错觉的原因，被认定为是光渗现象，物理学家对此亦有着非常简单明确的解释。

波尔·维耶尔教授在他的《动物学讲义》中这样写着："圆斑因为光渗现象而变大，这使它们之间的黑色间隙变小，每个斑点的四周都围绕着六个其他的斑点，它在扩大的过程中会受到周围的圆斑的阻碍，看上去像是被封闭在一个六角形中一样。"

如果这个解释我们接受了，那么当你看到右边的图形又会疑惑（133页图4−41B），这幅图上，黑色的斑点排列在白色背景上，同样发生着光渗作用，但是上述的解释却无法安置在它的身上了。这里的光渗只能使黑色圆斑变小，却没有能力让它们从圆形变成六角形。

为了找寻能够将这两种情况都解释的通用法则，我们可以这样假设一下：在距离图形一定距离时，我们观看圆斑间狭窄间隙的视角减小，小到了几乎不能分辨斑点形状的程度，因此贴近圆斑的6个间隙都会变成粗细匀称的短直线，那么这些圆斑便会以六角形为边了。

这个假设同样能够很好地解释一个很奇怪的现象，那就是在某一距离上观察，当黑色的部分依然顽固地呈现圆形时，其周围的黑边已经呈现了六边形，只有在更远些的距离上，六边形才可能从周边转移到白色斑点上。我的这个解释只是个合理的猜测，这样的猜测可能还有好多，我们要证明在某些情况下这是原因所在。

除了前面提到的极少数有明确原因的视觉现象外，大多数的现象的尝试性解释都是不确定的，很难令人信服。对有些视觉骗局，就算经过许多人的努力，至今依旧无法得到任何解释。而另一些情况正好相反，有了太多的解释，其中每一个解释，从单方面来看都是成立的，但其他解释又使这个解释的说服力下降。

有这样一个问题，这是早在托勒密时代就被人们讨论的，关于太阳在地平线上会变大的著名问题。这个问题至少有6种以上的解释，这也足以证明，视错觉领域几乎完全处于研究的前期阶段，这就需要建立一套基本的研究方法和准则。

也正是因为这一领域的理论方面还没有一个稳定明确的成果，所以我个人认为还是应该只对无可争辩的那些事实作描述，而且对它的形成原因不作任何解释。只要在书本中筛选出视错觉的主要类型即可[②]。在本节最后，我只对肖像有关的错觉给出了一些解释，因为这方面的解释简明准确，可以和长久以来围绕这种独特的视觉骗局产生的迷信说法进行长久的对抗。

下面所有的插图，都是可以用视错觉现象解释的。这些错觉现象的产生原因都是因为眼睛特殊的构造和生理特征，比如盲点、光渗、象散、视觉印象留存和视网膜疲劳等息息相关（见图4-1到4-7）。

在测试盲点的实验中，在视野消失时，也能通过另一种方式发现，马略特第一次做这个实验是在18世纪，效果非常惊人。马略特说：“我将一张小的白色圆形纸片，贴在了一个黑色的底面上，使它的高度跟眼睛差不多高，同时，

②这些事例都是我多年精选出的材料，并将已经公开发表但对普通肉眼或不容易感觉到的例子删除了。

找到这张小纸片的右侧两英尺且稍微低一点的地方，摆上了另外一张圆纸片，这样做的话，那么就算我眯上了左眼，第二张纸片的影像也能落入我右眼的视神经上，我离开 9 英尺时，第二张约 4 英寸大小的纸片，就会完全在视野中消失了。

因为我能看到比纸片位置更偏侧的物体，所以我从来不会认为，纸片的消失是因为它在侧面，最初我认为纸片被拿走了，但是我稍微移动了一下，就立刻看到了它。

在这些生理性视觉骗局之后，便会产生更多的心理性视错觉，它们大部分都没有一个合理的解释，然而可以确定一点，那就是心理性视错觉的产生原因都是先入为主的、错误的、不自觉、甚至是下意识的判断。这里错觉的根源并不是个人的感觉，而是理智，关于这一点有这样一句精辟的论述："我们的感觉从来不会欺骗我们，原因不在于它总能正确地判断，而在于它根本就不作判断。"

4.2 光渗现象

从远处仔细观看，下图中的白色圆形和方形看上去比上面的两个黑色图形要大些，而我们都清楚地知道，其实它们是完全相等的（图 4−1），距离图形

图 4—1

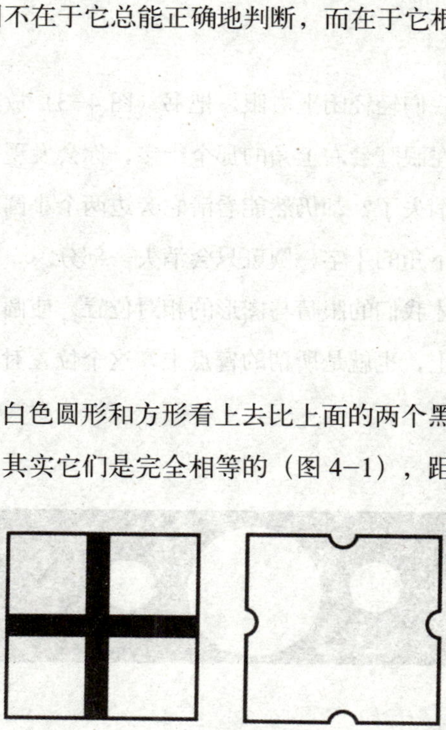

图 4—2

越远，这样的错觉也会随之更强烈，这种现象被我们成为光渗。

以同样的方法观看，左边带黑色十字的正方形的四条边，看上去像是被从中间向里挤压了，就像（图 4–2）所示的情况一样。

因为浅色物体的每一个点在我们的视网膜上的成像是一个小圆圈，而不是一个点，所以才会产生光渗现象。所以在视网膜上浅色物体的边缘看上去像是一条光带，面积似乎也增大了。而黑色物体因为浅色背景边缘的侵占，面积反而显得缩小了。

4.3 马略特的实验

让我们轻轻闭上右眼，把书（图 4–3）放在距离两眼 20 到 25 厘米的位置处，用左眼盯着右上角的那个十字，你会发现什么呢？是不是中间那个大的白斑完全消失了？却仍然能看清它旁边两个小圆斑，如果不移动这张图，用左眼盯着右下角的十字，圆斑只会消失一部分。

刚才我们的眼睛与图形的相对位置，使圆斑的映像刚好落到了视神经所在的位置上，也就是所谓的盲点上，这个位置对光的刺激不敏感，所以才会出现这种现象了。

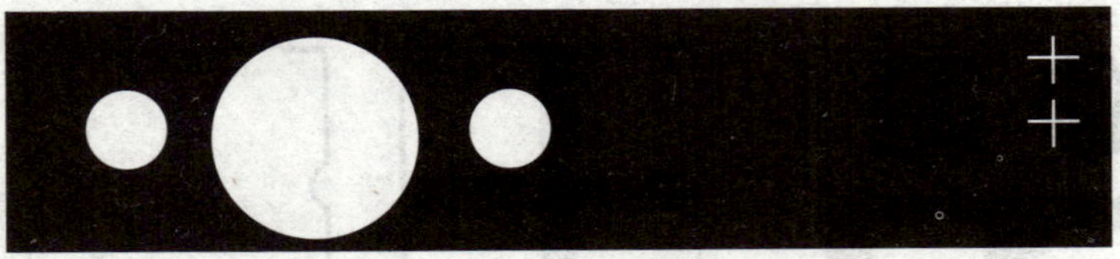

图 4–3

4.4 盲点

这个实验只是上个实验的一个变式，我们用左眼盯着图 4–3a 右边的叉字，在和图形上面有一定距离时，黑色圆斑就会消失不见，可是却仍然能看到它两边的圆圈。

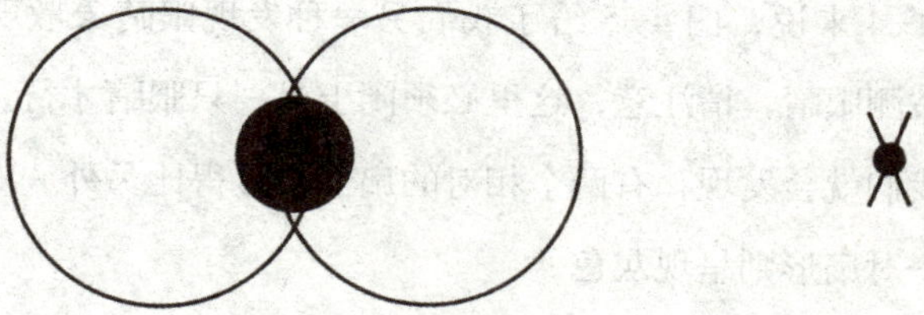

图 4—3a

4.5 哪个字母更黑

我们能用一只眼睛来看如图 4–4 所示的这几个字母，是不是所有的字母都保持着一样的黑色呢？通常会有一个字母看上去比其他的字母显得更黑。不过只要将该图转动 45° 或是 90° ，显得更黑一些的字母就会换成别的字母了。

象散现象造成了这种错觉，这是眼角膜在垂直或水平的不同方向上的不同凸度造成的，几乎没人能摆脱视觉的这种缺陷。

图 4—4

4.6 象散现象

相对图 4–4 来说，图 4–5 给了我们另一种发现眼睛象散现象的方法，把这张图贴近被测眼睛，请注意，这里必须闭上另一只眼睛才行。当距离这张图足够近时，我们就会发现，有两个相对的扇形会显得比另外一对颜色更黑，而另外相对的一对扇形则呈现灰色。

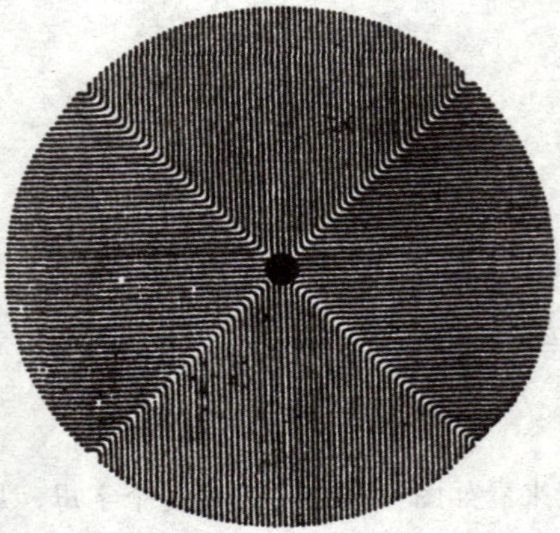

图 4—5

如（图 4–6）所示，把这张图左右移动，你会惊奇地发现，自己的眼睛在插图上移动。

由于眼睛在某物消失后的短暂瞬间，依旧保留着视觉印象的特性，便会产生这种错觉。

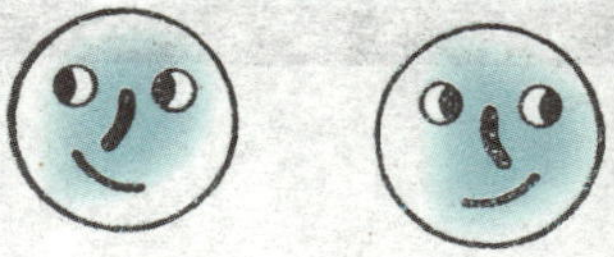

图 4-6

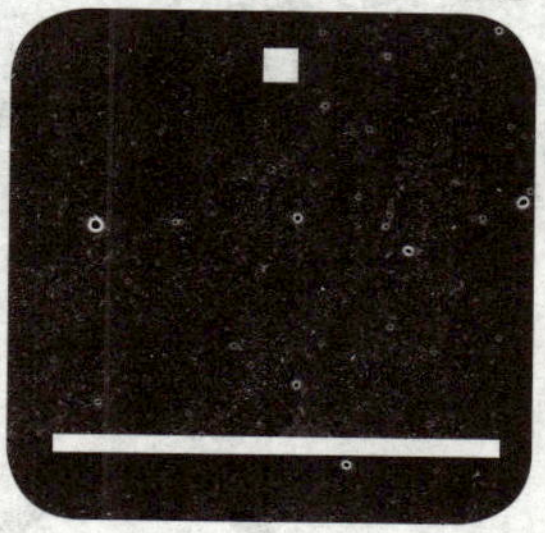

图 4-7

现在我们将目光集中在图 4-7 上面的小正方形上，约半分钟后，由于视网膜疲劳，下面的那条白带会消失掉。

4.7 缪勒—莱依尔错觉

图 4-8 中 BC 之间的线段看上去似乎要比 AB 间的直线要长，然而，你知道吗？事实上它们是一样长的。

图 4-9 是图 4-8 的一个变式：图中垂直的线段 A 看上去比线段 B 短一些，其实它们是一样长的。

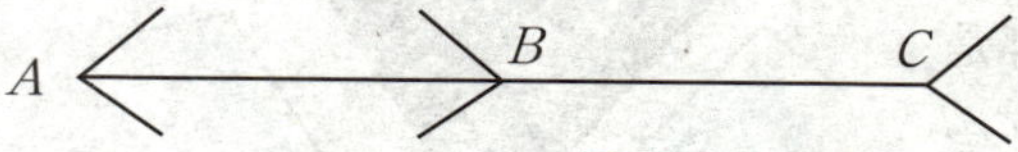

图 4-8

图 4-10 中的两艘轮船，右边轮船的甲板似乎要比左边轮船的甲板短，实际上它们的长度相等。

图 4-11 中，AB 间的距离看上去比 BC 间的距离短，但是两者之间是完全相等的。

图 4-12 中 ,AB 的距离看上去就要比 CD 间的距离长，但是你若用尺子测量一个，你会发现，其实两

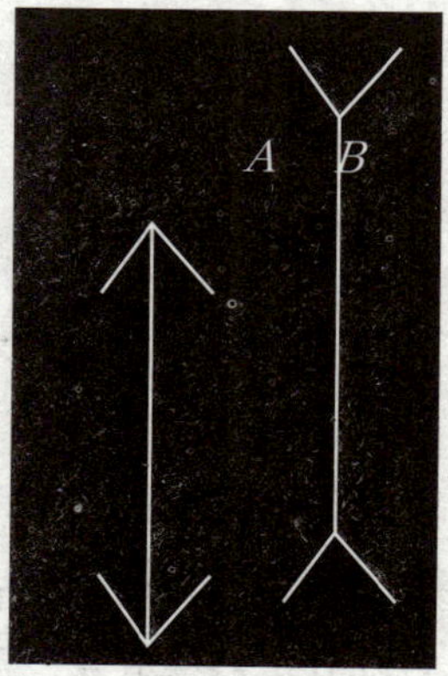

图 4-9

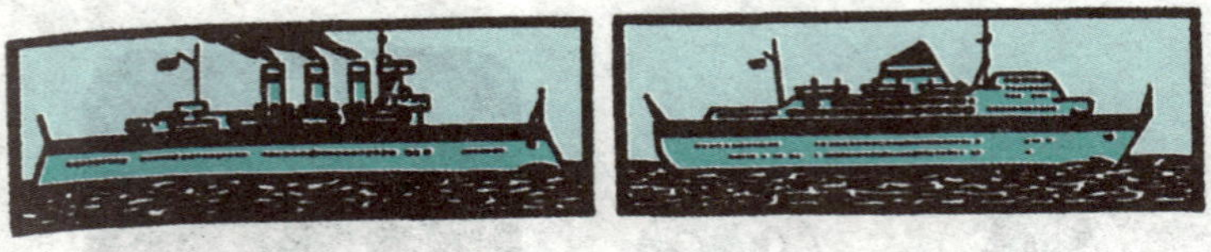

图 4–10

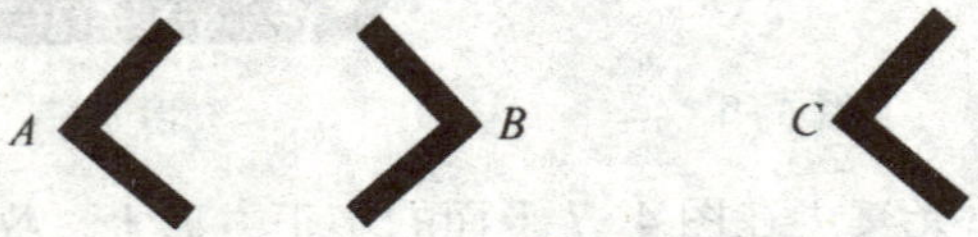

图 4–11

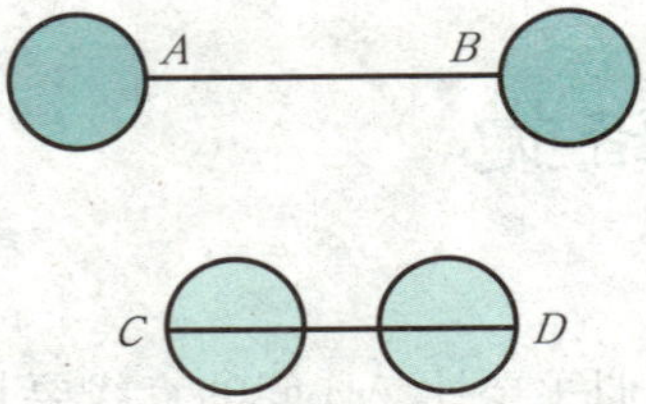

图 4–12

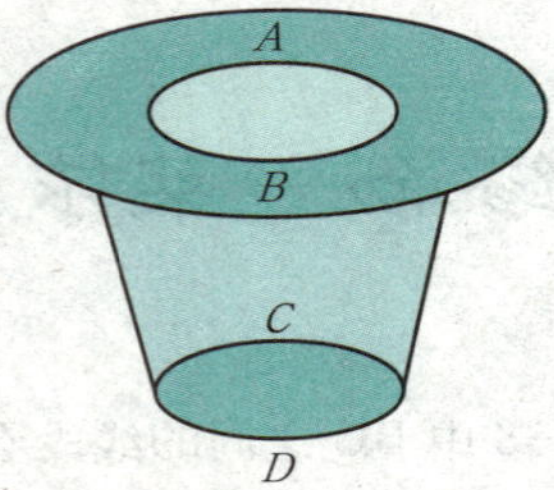

图 4–13

者之间是相等的。

图 4–13 中，底部的椭圆形看上去比顶部内圈的椭圆形大，这都是因为环境影响，事实是，它们是完全对等的。

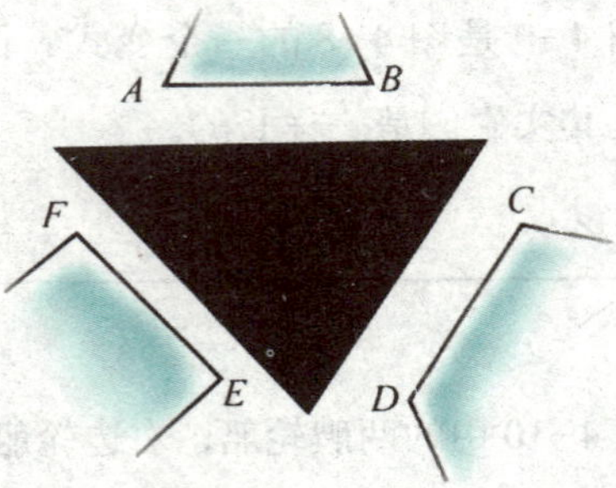

图 4–14

图 4–14 中，你发现了吗？线段 AB、CD、EF 看上去并不等长，其实它们是等长的，这同样是受了环境影响。

图 4–15 中，看上去右边被纵向箭头划过的长方形要比左边被横向箭头划过的长方形短很多，其实，它们是相同的。

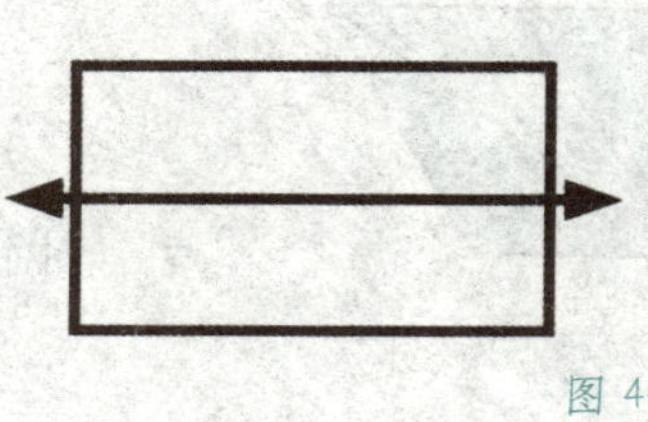

图 4—15

图 4—16

图 4—17

图 4—18

图 4—16 中，正方形 A 看上去显得比正方形 B 高些、窄些，实际上它们是相等的正方形。

图 4—17 中，高度看上去比其宽度长，实际上它们是相等的。

图 4—18 中，礼帽的高度看上去比它的宽度长，实际上两者是相等的。

图 4—19 中，线段 AB 看上去比 AC 长，实际上两者是等长的。

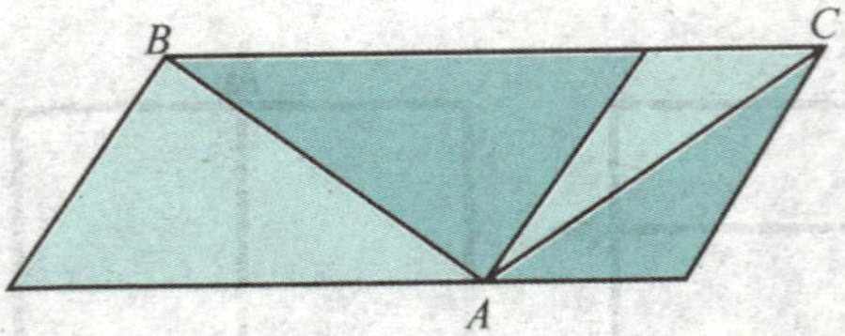

图 4–19

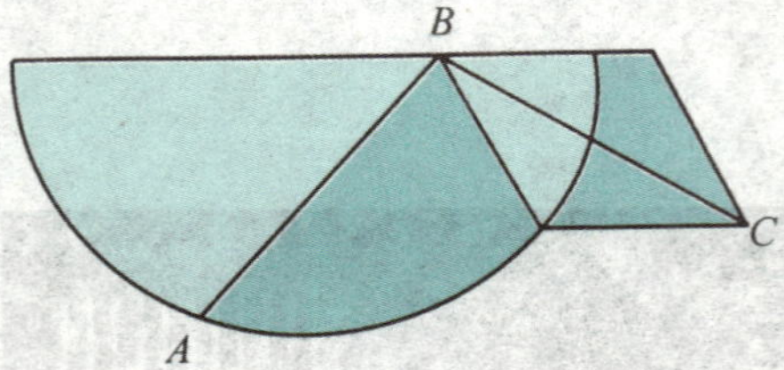

图 4–20

图 4–20 中，线段 BA 看上去比 BC 长，实际上两者是等长的。

图 4–21 中，MN 两点间的距离与 AB 两点间的距离等长，但前者看上去比后者短。

图 4–22 中，底下平铺的木板看上去比垂直的窄木板要短，可是它们是相等的。

图 4–23 中，右边的小圈和左边的小圈是一样大的，但前者看上去比后者要小。

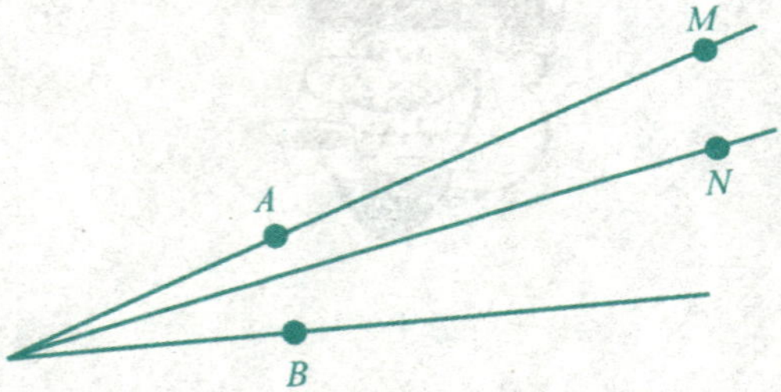

图 4–21

图 4–22

图 4–24 中，AB 间的距离与 CD 间的距离相等，但前者看上去比后者小，慢慢后退，由于距离的拉远，看上去的错觉

图 4–23

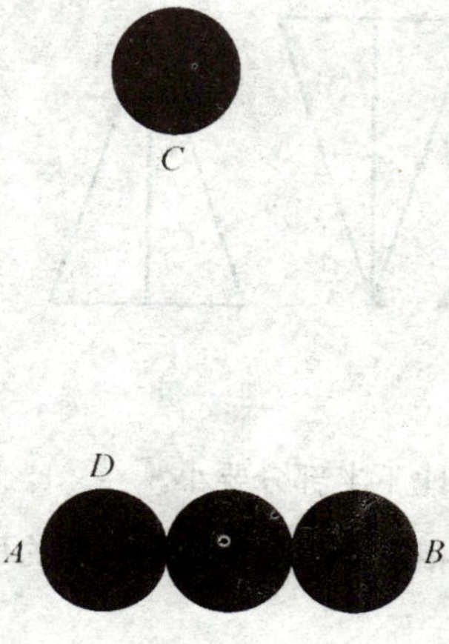

图 4—24

图 4—25

效果就更加明显了。

图 4—25 中，下方的圆形分别与上方两个圆形间的空白看上去比上方圆形外缘间的距离要大，其实它们是相等的。

4.8 烟斗中的错觉

图 4—26 中，右边的短横线与左边的短横线实际是相等的，但前者看上去比后者短。

图 4—26

4.9 字体的视错觉

图 4—27 中，其实每个字母的上下两部分似乎大小一样，可是将这幅图翻

图 4—27

图 4—28

转过来，你会很轻易地发现，字母的上半部分比下半部分要小。

图 4-28 中，两个三角形的高度被分成了相等的两半，但是顶角的那一半看上去要比另一半短些。

4.10 波根多夫错觉

图 4-29 中，如果把右边的两条弧线延伸，使它们与左边的两条弧线末尾相接，不过右边弧线延伸后看上去会比左边弧线低。

图 4-30 中，从远处看去，与黑白条带相交的斜直线好像是曲折的。

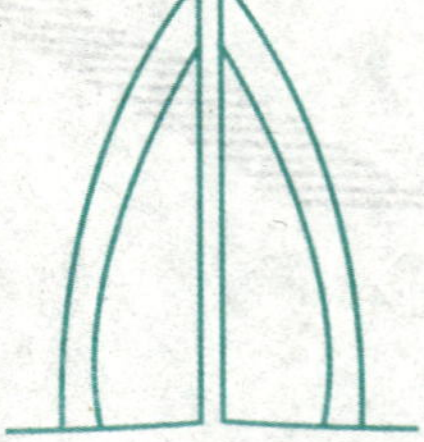

图 4—29

图 4—30

图 4-31 中，c 点在 ab 直线段的延长线上，可是它看上去好像是低于延长线的。

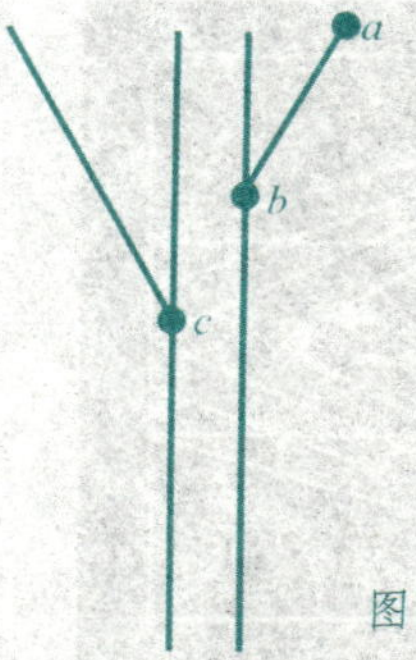

图 4–31

图 4–32 中，两个图形是一样的，虽然在视觉上，下面的图形看上去要比上面的长而窄。

图 4–33 中，这些折线的中间部分是平行的，但看上去却是不平行的。

图 4–32

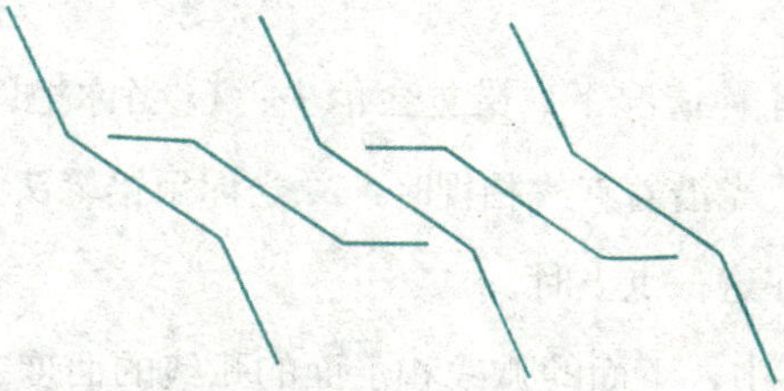

图 4–33

4.11 莱尔纳错觉

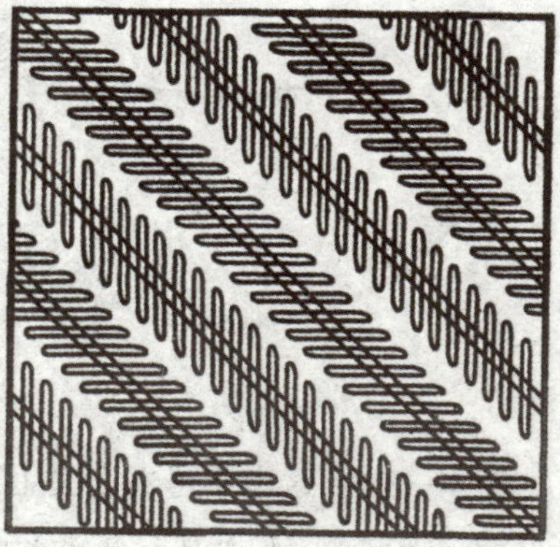

图 4–34

图 4–34 中，长斜线看上去它们是发散的，其实它们是平行的。

4.12 黑林错觉

图 4–35 中，中间的两条从右往左的线看上去像两条向彼此突出的弧线，其实它们是平行的。

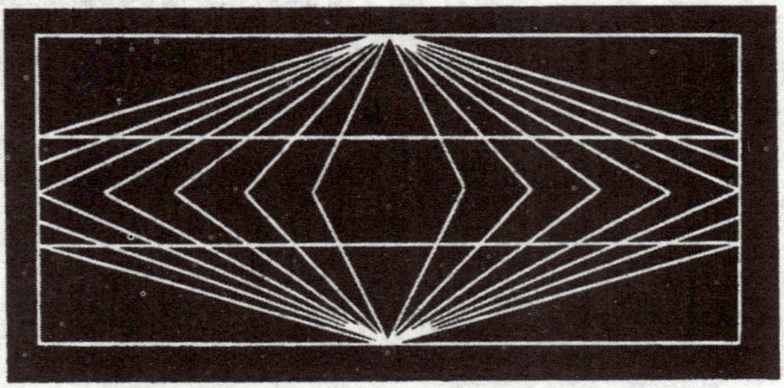

图 4—35

在下面几种情况下，错觉会消失：1. 当你把图形举到与眼睛同一高度，然后慢慢用目光沿着直线扫视时；2. 当你用铅笔头点着图形上的某一个点上，并把目光聚在这一点上时。

图 4—36 中，下面的弧线和上面的弧线的曲度完全相同，但看上去前者要比后者曲度更大。

图 4—37 中，这个三角形三边实际上是直的，然而看上去却像是凹陷的。

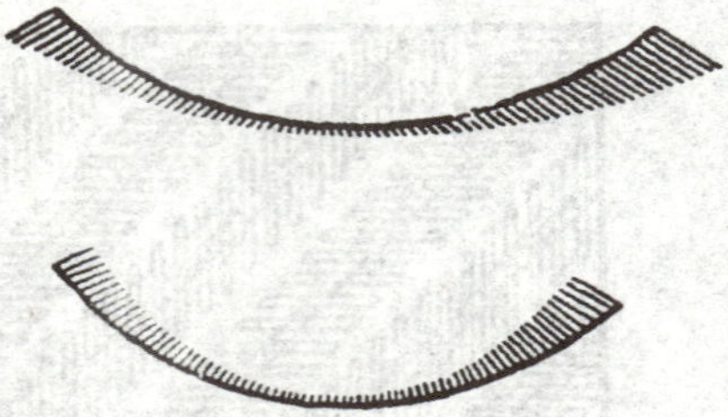

图 4—36

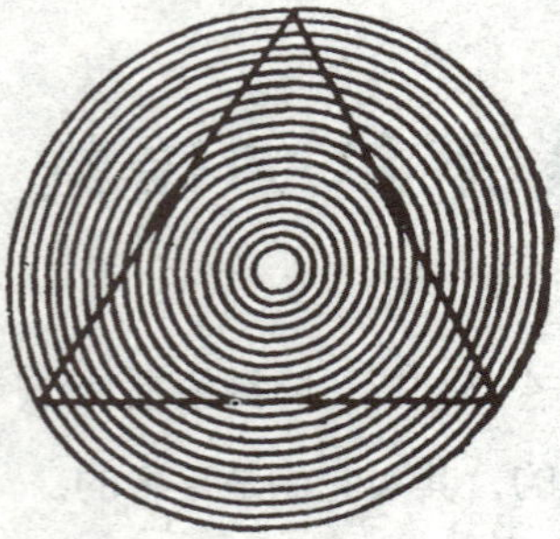

图 4—37

图 4—38 中，这串字母看上去歪七扭八的，但其实它们都是笔直地画出来的。

图 4—39 中，曲线是一些沿着逐步变细的黑色条带所画出的许多圆圈，但看上去却成有规则的螺旋形，这一点也是非常容易证明的。

图 4—40 中，曲线都是圆形的，但它看上去是椭圆的，如果想证明这点，只要用圆规一量你就会知道了。

图 4–38

图 4–39

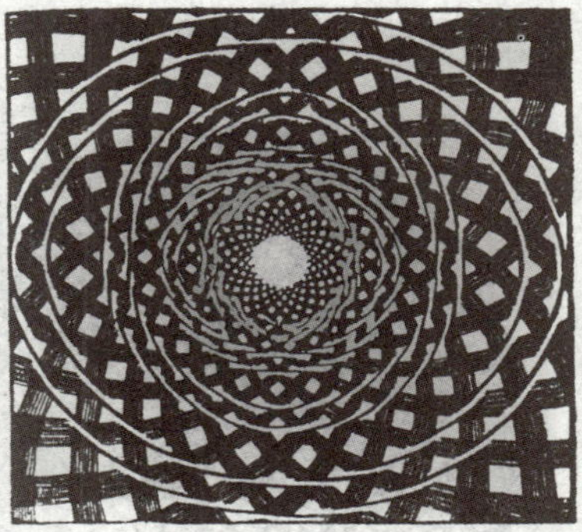

图 4–40

在一定的距离上观看图 4–41，不管是黑色的还是白色的小圆斑，都会变成六角形。

A

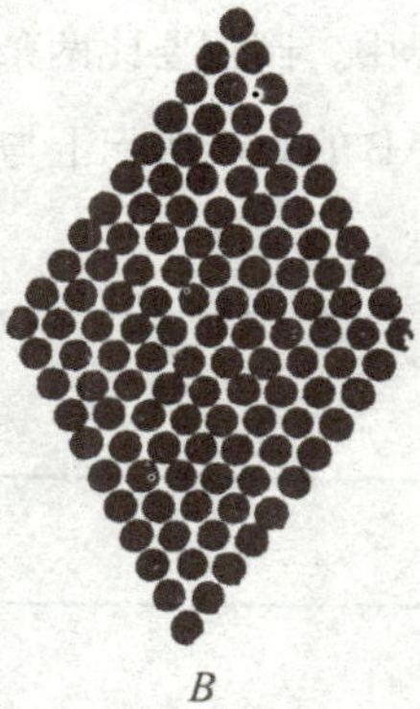

B

图 4–41A

图 4–41B

4.13 照相凸版印刷的视错觉

如图 4–42 所示，从远处观看，你一下就能看出这是一个女人的眼睛和鼻子，这个图形是照相凸版印刷，也就是平常的书本插图放大 10 倍后所产生的效果。

在图 4–43 中，上方的人影和下方的人影实际上是完全一样大的，但看上去前者比后者要大。

如图 4–44 所示，图中的这个圆圈看上去是可以放到直线 AB 和 CD 之间的，不过实际中，圆圈要比两条线间的距离宽一些，是无法放进去的。

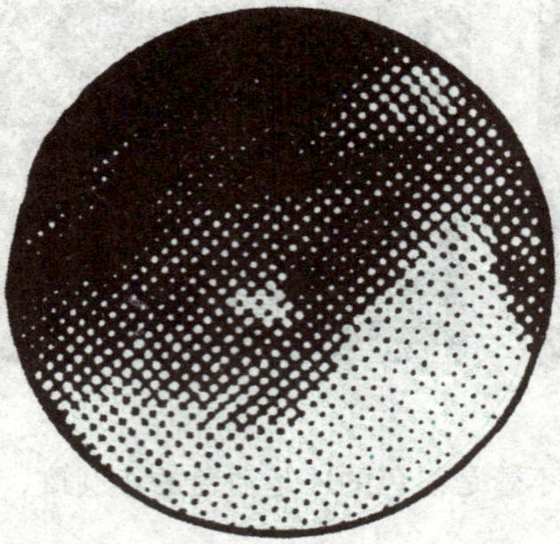

图 4–42

图 4–43

图 4–45 中，AB 的距离实际上与 AC 的距离相等，但看上去前者比后者长。

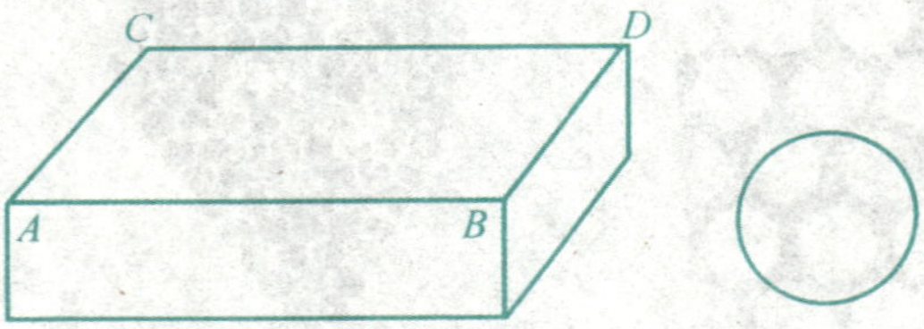

图 4–44

图 4—45

将图 4—46 左边图像举到与眼睛等高的位置上，然后目光沿着图水平扫视，就能看到和右边一样的图像。

我们可以睁一只眼睛，闭一只眼睛，靠近图 4—47 中，观察竖线的延长线的交点。这些大头针看上去就像是扎到纸上一样，把这张图左右移动，大头针看起来像是在晃动一样。

看图 4—48，盯着这张图看一会儿，你会发现看上去时而上面的两个立方体突出来，时而是下面立方体突出来，你可以借助自己丰富的想象力，随心所欲地想象出任何一种情形。

图 4—46

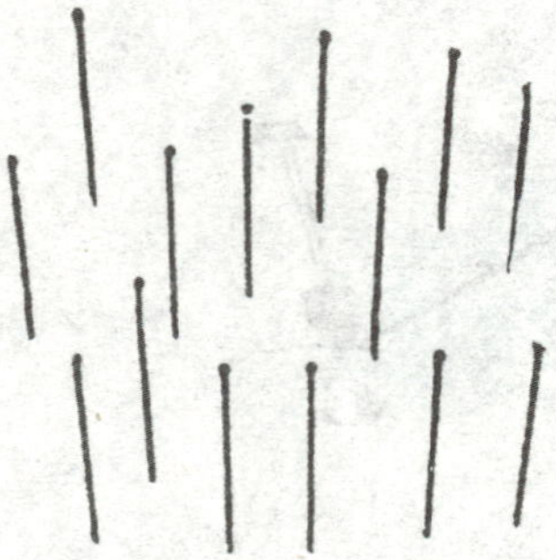

图 4—47

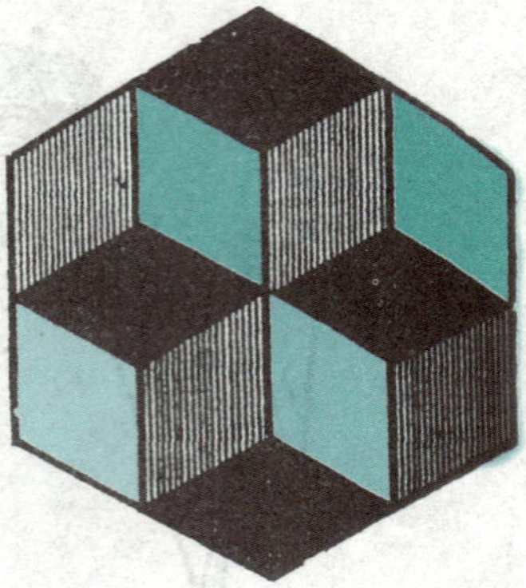

图 4—48

4.14 施勒德阶梯的错觉

你在图 4—49 中，可以看到什么样的事物呢？应该是三种：1．是楼梯；2．是阶形的凹槽；3．是一张折成扇子的纸再拉开后的纸条。我们能够肯定的是，这些影像可以随个人意愿而互相交替。

现在，你尝试一下，根据自己的意愿将图 4—50 看成三种事物，你可能会

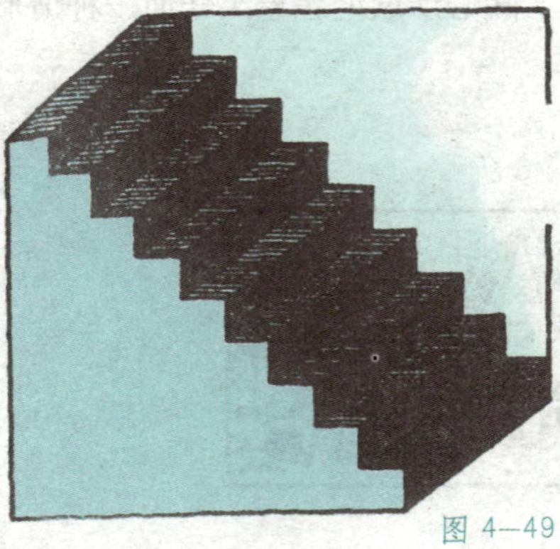

图 4—49

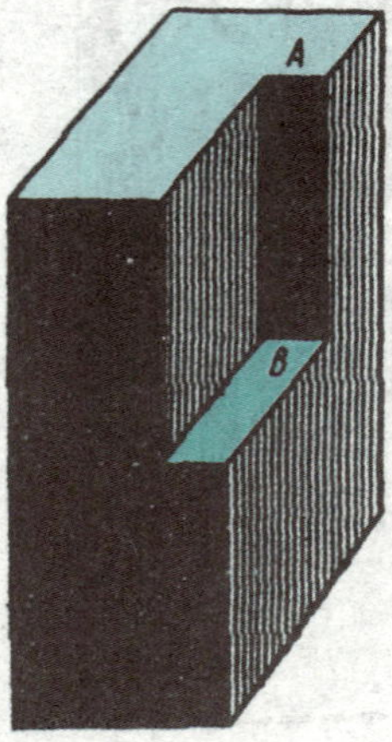

图 4—50

把它看成是一个缺了一块的长方体木块（平面 A、B 即缺的那部分的后壁），可能把它看成是一角上长了一个小木块的长方体木块（A、B 是小木块的前壁），也可能把它看成是一个向上开口的空箱子的一部分（一个底面和两个侧壁）和一个紧贴箱子内壁的小木块。

在图 4−51 中，那些白色线条的相交处会有些发黄的方形小斑点，时隐时现地戏弄着我们的视觉。其实这些线条绝对都是纯白色的，要证明这一点很简单，只要用纸掩盖住与白色线条相邻的黑方块就行了，这种现象被我们称为对比的效应。

图 4−52 是图 4−51 的变式，不过在这里，黑色线条上会出现白色斑点。

图 4−51

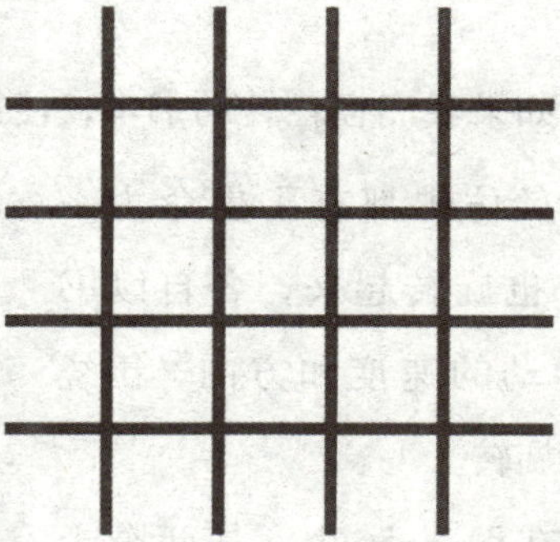

图 4−52

图 4−53

图 4−54

从远处看图 4–53，上面有四道条纹，看上去像凹槽一样；在和相邻更深色条纹相接的地方，颜色显得更浅。如果遮住相邻的条纹，用以排除对比带来的干扰，你就会发现，其实每道条纹都非常均匀。

现在要求我们眼睛不要动，聚精会神地盯住图 4–54 中肖像上的任何一点，请你坚持住，这样保持一分钟就好了，然后将目光迅速转移到白纸或白色天花板上，你会看到一张黑白被颠倒了相同的肖像。

4.15 西尔维纳斯·汤普森的视错觉

如果我们轻轻转动书本，使图 4–55 旋转起来，那么所有的圆圈和中间的齿轮仿佛都有了生命力一样，也旋转起来，各自以书本运动的速度和方向，围绕中心旋转。

图 4–55

在图 4–56 中，是两个十字形，在左边，你将会看到一个突出了的十字形，在右边呢？则是一个凹陷的十字形，但是如果我们将两张图，上下颠倒的话，实际上它们完全一样的，只是摆放角度不一样而已。

图 4–57 中，这个人的双眼和手指看上去都是直对我们的，并且在我们朝左右移动时追随着我们。

肖像的这个有趣的特征我们早就有所发现，好像它们的眼睛能够有活力一

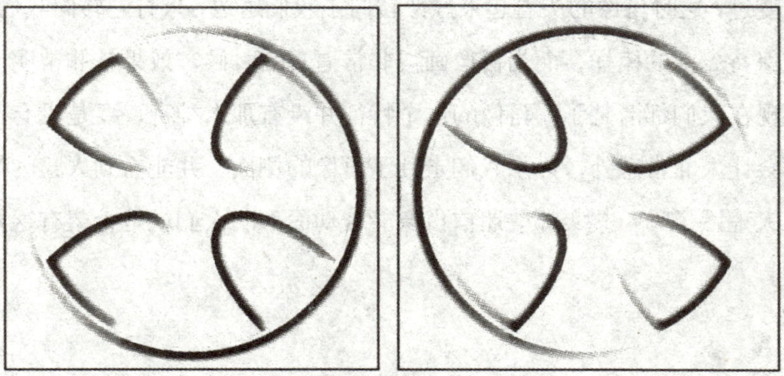

图 4—56

样追随着观察者，并且不管他在哪个位置，肖像总能面对到那一边。这个特征叫一些神经过敏的人感觉到不安，许多人都认为这是超离自然的现象，并由此产生了迷信想法，进而创作了一些如果戈里的《肖像》之类的传说和科幻小说。可是这一有趣的视觉骗局的原因其实是非常简单的。

首先，我们必须要弄明白一点，这种错觉在其他画上也有，并不是只在肖像画上出现。如若一门大炮被描画成炮口朝向观众的样子，当观众走到作品面前的时候，不管你在左侧还是右侧，炮口始终面对着你，躲也躲不掉。

所有这些现象都有一个共同的原因，而且这个原因非常简单，如果我们看到画上的炮口正对着我们，而当我们走到一边时，画上的炮口当然还在先前那个位置上，这对平面像来说，是再简单不过的现象了，没有其他可能，但在现实中，只在大炮的炮口转向我们时才可能有这样的效果，由于我们看画的时候，脑子中想象的是真实的事物，这才导致我们认为事物改变了位置。

图 4—57

这一点，毫无疑问的适用于肖像，如果肖像被描画成面部和双眼都正对我们的样子，那么不管我们走到哪一侧，再度观看肖像的时候，你就会发现，其实它的面部，相对我们的位置从来没有改变过，这时肖像的头看起来好像转向了我们这边，只有它转向我们的时候，才能保持先前的模样，而当肖像画得非常逼真的时候，效果就非常明显了。

现在我们都清楚了，肖像的这个特征并没有那么神奇，要是没有这个特征反而会让人非常意外，如果我们走到了肖像的侧面，并能看到人脸的侧面，那不是太荒谬了吗？其实那些迷信肖像能转动面部的人们就是希望有这样的事情发生。

第5章

动脑筋博士

5.1 漆黑里的声音

在火车上他与我们相识。那天的经过是这样的：

“我们乘坐的火车在路上遇到了一个斜坡，火车费了很大的力气也无法向上移动；人们又找来了一辆机车，在火车的后面推它，机车的车‘脸’开足马力顶着火车的‘屁股’前进。火车在机车的推动之下，终于开始移动了。”

“听起来真的挺有趣的！”谢敏诺夫笑着说：“这列火车一共多少米长，你知道吗？”

“每节车厢长 7 米，整个列车共有 20 节车厢，也就是 140 米。”我想都没想就回答出最为精确的数字。

“想来，如果能够有一列长度刚好绕地球一周的火车，那么它的鼻子刚好能够顶着火车最后一节车厢的屁股，如此一来，我们可以说火车在前面拖着机车向前行驶，也可以把它看成是机车在火车的后面推着它前进，这样一辆可以围绕地球一周的火车，苏尔卡，你知道需要多少节车厢吗？”

“这个问题实在太简单了！怎么可能难倒我呢？”我微笑地回答：“物理老师说过，‘米’就是地球圆周长的 400 万分之一的长度，如此一来，每个车厢都是 7 米长，我们只要用 7 来除 400 万不就可以……”

话语间，车子开进一个山洞里，车厢内一片漆黑，什么都看不清，我的心微微收紧，这种感觉好像被列车带领着，驶向了地球的中心。而就在这个时候，我听到一个声音清晰地传到耳边：“要用两个机车才把列车弄得上坡，可是你有没有想过，一个在前面拖，必然会把各车间的铁链拉紧，而后面一个在推，它却要将拉紧的铁链推松，这两种力量正好相互抵消，那么列车反而爬动起来了的原因是什么呢？”

轻轻一段话，叫我恍然大悟：“的确是这样的，可到底是什么原因呢？”

我在思索这个问题，谢敏诺夫也一定跟我一样，所以当列车行驶出山洞，车厢再度明亮起来时，我们都不约而同地环顾四周，想知道是谁提出的问题，然后我看到了他。

一个小老头正坐在旁边的位置上看报纸，阵阵的清风从窗子吹进来，带起了他银白色的头发，丝丝缕缕，他却完全不在意。他带着一副眼镜，几乎就要跌落下来，挂在了鼻头上，眼镜的一条腿已经弄坏了，用一根鞋带拴在了耳朵上。我想说话的人应该就是他了（图 5–1）。

“苏而卡，如此说来，这前后两个机车完全没有起到帮助的作用，而是在互相阻碍、搅乱？”谢敏诺夫说：“很明显，前面的机车要等各个车厢中间铁链都拉紧的时候，才能把列车拉动，而后面的机车必须要车厢互相抵紧，也就是铁链部分松懈才能将列车向前推，如此一来……”

图 5–1

谢敏诺夫将老头所说的话更详细地解释了一遍，我却只能保持沉默，想着其中的原因，可思索了好久仍一无所获。

“这的确是一件怪事。”我低低地说：“想想当时的情景，如果各车厢的铁链都紧紧拉张着，那么，后面的机车根本就没有推，也就是说，它不但没有帮忙，还给前面的机车设下了障碍。换而言之，如果各车厢的铁链是松着的话，那就是整个列车的前进工作都是后面机车担负的，并连同了前面那辆机车。其实不管如何，在这个事件中总有一个机车装模作样，不但一点力量没有贡献，还在设置障碍。”

“是啊！何必要在后面添加一辆机车呢？这不是白做无用功吗？”谢敏诺夫说：“还有，为什么列车在上坡的时候，一辆机车拖它不动，在后面加了一辆就上来了呢？”

我再次困惑，望着谢敏诺夫，陷入深深的沉思中，我们纠结着这个问题大概有一个多钟头，可是一点头绪都理不出来，那个小老头儿的眼镜落得更低了，但仍旧在聚精会神地看报纸，使得他整个人都烘托在某种神秘的智慧里。

“苏尔卡，听着。”谢敏诺夫说：“如果这样一辆特别长的火车围绕地球一周，机车和列车头尾链接而行，出现了和此时一样的情景，那时机车将拖着前面的车厢和推着后面的车厢，也就是说，它在拉紧着前面各车厢的铁链，却推松着后面的所有车厢的铁链了。”

“怎么还能有后面的车厢？后面的车厢不是正好在机车的前面吗？”我被他弄得更糊涂了。

谢敏诺夫似乎也怔了一下，而就在这时，那个小老头笑了，他抬起头来，他有一双明亮而愉快的眼睛。

“太好了，孩子们，你们再想一想，就会找到答案了！”

“你能帮帮我们吗？”谢敏诺夫请求着。

“我是不可能给你们答案的，我从来不这样做，所以人们给我起了一个名字，叫动脑筋博士。”他微笑地望着我们：“我小时候曾经读过拉丁文，你知道那是非常难懂的，我的一位朋友送了我一本‘钥匙’，是本小册子，里面装载着拉丁文的详细翻译，如此一来，我再遇到困难的拉丁文的题目时就再也不需要动脑筋了。有一次，老师出了一个非常难的题目，我想都没想，习惯性地找出我的‘钥匙’，顺着上面的内容按顺序抄写下来，这时老师来到我的身后，拿走了我的‘钥匙’，并且用极其洪亮的声音告诉我：‘只有不爱动脑思考问题的人，才需要用这种‘钥匙’，说完，他把‘钥匙’还给我，转身离开了。可是他的话一直徘徊在我的脑海里，让我一辈子都无法忘记。孩子们，你们也需要这样的‘钥匙’吗？”

我和谢敏诺夫用力摇着头，大声回答：“不要！不要！”

“这样才对！”动脑筋博士说：“如果你们想到了这个问题的答案，可以寄给我，这是我的地址，我也会回信告诉你们答案是否正确，也会再寄一些比较困难的题目让你们做。当然，如果你们有时间，我更欢迎你们来我家做客，我这里每天都有有趣的题目。”

他慢慢取下的眼镜，放到了盒子里，礼貌地和我们握手告别，就下车了，他该下车的站到了，我们的坡也上完了，后面的机车被卸了下去，可是我和谢敏诺夫却无法停止自己的思考，脑子里一直在想着机车一推一拖的情形，也想着动脑筋博士这位刚刚结识的新朋友。

解 动脑筋博士您好！我们做出了机车一拉一推的问题答案，并给您寄了过来。经过思考和观察，我们已经能够正确回答为什么看似矛盾的一拉一推，最终却不会造成妨碍的原因了。

我们可以把列车简单分做两部分来看：由于各车厢的铁链自然而然会拉紧在一起，所以前面的一部分被前面的机车拖着前进；后面的一部分车厢的前行是因为受到后面机车的推力，所以各个车厢相互顶撞，而它们的铁链却是松懈的。

我们去夏令营时所坐的列车旁边，平行地行驶着一列两个车头一拉一推的列车，我们趴在窗口观察了很长时间，特别注意了那列车分作前后两部分的过程。起初，前面的机车拖了 12 节车厢，后面的推了 10 节，慢慢地，变成了前面的拖着 9 节，而被推着的就是 13 节了。这就是因为列车中间有一节或者几节车厢是“脚踏两只船”的，它们时而被前面的机车拖着，时而被后面机车推着。谢敏诺夫把这几节“脚踏两只船”的车厢叫“两面派”，他为自己想出这样高雅的名词，骄傲了很久。

5.2 谁是获奖者

那是在一次海滨避暑。有一天，邮递员来给我们送惊喜，所有的孩子都嬉笑着、等待着，拥挤在海岸边的邮件组那个小窗口旁边。邮递员先把一些挂号邮件和汇款通知单、电报等件挑选出来，交到邮件组组长的手里。然后拿出一大袋信件，对着孩子们兴奋的小脸，一封一封喊着收信者的名字，那是第一次，我听到了好多奇奇怪怪的名字。

“卡普司特金！奥古尔拓夫！彼得……”

那天的太阳很毒，像火蛇一样烤在沙滩上，我们穿着鞋子，浑身被热气所包裹，真是难受极了。

“会不会根本没有我们的信？”谢敏诺夫不安地问。

我刚想说点什么，忽然听到有人大声喊到了他的名字，我们的脸上同时闪出极其兴奋的光芒，终于盼来回信了，我抢先一步拿到谢敏诺夫的信，跟他一起躲到树荫下，把信拆开，正如所料，是动脑筋博士的来信。

孩子们你们好！我收到了你们寄来的两个机车的答案，恭喜你们，你们的答案完全正确。

我在这一个月里一直在乌拉尔旅行，这真是一件奇妙的事情，我非常感兴趣。今天我参观了一个很大的钢铁厂，到了晚上，正好有机会参加他们厂里半年来的一次工作总结会。我早就知道技术最好的是伊凡宁柯和米基金柯，人们早在去年就称赞他们是“一对好手”。他们都想生产出更好更多的钢材，都暗暗彼此竞争着，可是他们每次的产量居然都奇迹般地相同，所以更加剧了他们两个人的竞争。

伊凡宁柯去年7月份从每平方米炉底的产铁量增加了10000千克，而米基金柯则没有增长，还是从前的数目；伊凡宁柯8月份又增加了10000千克，这个月米基金柯居然一下子增加了20000千克。一年来，它们就这样你进我退，我进你退的竞赛着，真叫人惊奇。

这次大会很是热闹，大家都开心地期待着，想知道谁能拿到这个最高的荣誉。我坐在人群中，听着大家议论着：

“两个人都是最好的！”

“他们都是‘好手’，谁也不会让着谁！”

伊凡宁柯每月增加10000千克，而米基金柯每隔一个月增加20000千克，这算起来不是一样多吗？

我却认为这两种情况完全不同。凝视着他们，我想到的是你们。我想把这个问题交给你们来解决，你们认为应该把这个优胜奖发给两个人中的哪个人呢？

我刚散会回来，已经半夜了，但我毫无睡意，迫不及待地写信给你们，希望能得到很好的消息，好了，孩子们，祝你们健康！

动脑筋博士

读完了信，我抬头看着谢敏诺夫。

“嗯？”

“嗯什么？这个还用思考吗？当然不可能把一个奖颁给两个人，只有小孩子才会这样回答呢！至于两个人的好业绩，是不需要任何怀疑的。”

“可是……”

我的话并没有说完，号音就吹响了，我们不约而同地一跃而起，以最快的速度向饭厅奔了过去，我不会忘记，我们是打赌的，看谁先到自己的位子上。当我们坐好的时候，饭厅管理员笑着看着我们，那笑容让人感觉到他似乎看过我们信，说的话更是叫人困惑：“两个人都是获奖者！”

解 在竞赛期内产量最多的那个人才是最优秀的钢铁工人，这个计算方法也很简单：

月份	伊凡宁珂的产量	米基金珂的产量
1941 年 7 月份	160000 千克	150000 千克
1941 年 8 月份	170000 千克	170000 千克
1941 年 9 月份	180000 千克	170000 千克
1941 年 10 月份	190000 千克	190000 千克
1941 年 11 月份	200000 千克	190000 千克
1941 年 12 月份	210000 千克	210000 千克
1942 年 1 月份	220000 千克	210000 千克
1942 年 2 月份	230000 千克	230000 千克
1942 年 3 月份	240000 千克	230000 千克
1942 年 4 月份	250000 千克	250000 千克
1942 年 5 月份	260000 千克	250000 千克
1942 年 6 月份	270000 千克	270000 千克
12 个月	2580000 千克	2520000 千克

这是 12 个月以来，伊凡宁柯比米基金柯从每平方米的炉底共多产了 60000 千克钢铁，这是一个很惊人的数字。当然，我们还可以用一句话更明了的解释出来：“每个偶数月份，两个人的钢铁产量相同，但每一个奇数月份伊凡宁柯的产量就要比米基金柯多出 10000 千克。”

5.3 汽车驾驶员与鸽子

虽然只是通信，但是我们和动脑筋博士已经成了很要好的朋友。于是，从海滨回到莫斯科，我们就决定去看看他，而且相约的是星期天上午。

“你有没有想出什么动脑筋题目来考考博士？”路上谢敏诺夫就迫不及待地问我。

“当然，我们不是说好要想出一个他解不出来的题目吗？”我神秘地说：“你准备了吗？”

“哈哈，我也准备了！”谢敏诺夫得意地笑着：“那么今天可以考他两个题目了！”

我们迎着阳光，来到了动脑筋博士的家里，当我们看到他的时候，都不约而同地怔了下，博士的样子有点滑稽，他房间的天花板上挂着一个孩子们睡觉所用的摇床，此刻他正懒洋洋地坐在里面，摇来摇去，他的双腿悬在半空，眯着眼睛，简直和小孩子无异。

“你们来了，真是件叫人开心的事情！”动脑筋博士高兴地说：“今天我忙了整整一上午，太累了。来来来，给你们介绍一下我的孙女儿，艾丽法！”

到了此时我们才发现房间里还有一个正在打字机前打字的小女孩，她长得很清丽，看上去应该比我们年长一两岁。

“好了，孩子们，你们可以帮我下床吗？我的手脚已经不听使唤了！这不像一般人想的那么简单，你们说，为什么两脚凭空还能使摇床摇摆起来呢？”博士轻轻地说：“对了，孩子们，你们不是说好要给我出几个动脑筋的问题吗？带来了吗？”

“还是下次吧，你看起来太累了！”谢敏诺夫礼貌地说。

“你们的题目不会也是关于摇床的吧？”动脑筋博士说，目光锁在手掌上因为摇床拉动而磨出的水泡上。

“不是的！我的问题和汽车有关！”我说。

“我的问题和鸽子有关！”谢敏诺夫紧跟着说。

“非常不错，说来听听！”

为了能难倒博士的那份荣誉，我和谢敏诺夫都争先恐后地开了口，我大声的说：“假如有一辆载重汽车……”

“有一节装货的火车……”谢敏诺夫也开始说。

“正在沙漠里行驶……”

“里面装满一笼笼的鸽子……”

“停！不要吵，一个一个说好吗？”博士和艾丽法同时喊，我们也觉得有点不好意思，于是，我做了一个请的手势，谢敏诺夫点点头，大声说了出来：“有一节空的货车车厢，里面装载了鸽笼和很多的鸽子。”

“整个车厢都是鸽子吗？”

“是的，而且车厢是全封闭的，一点空气都进不来。鸽子更不会逃脱掉的。”

“它当然不会逃脱，它们全部都会被闷死的。”艾丽法大声地说出来，谢敏诺夫怔着，整张脸都红了，看上去很是尴尬。动脑筋博士微笑的给他打气：“没有关系的，假定它们不会闷死好了，接下来会发生什么样的事情呢？”

“假如鸽子都不甘心被关在笼子里，它们拼命地挥动着自己的翅膀，在笼子中飞来飞去，此时此刻，车厢的重量会有所改变吗？”

“为什么会发生变化呢？”艾丽法奇怪地问。

“你怎么还会问出‘为什么’呢？难道你没有听明白吗？假如一只苍蝇叮在了你的鼻头上，你是不是会感到一股微小的压力？”

“是的，而且还会有点痒痒的。”

艾丽法的回答令动脑筋博士笑了起来。谢敏诺夫则有些生气，瞪着艾丽法，大声的说：“白和你说了，我的意思是：苍蝇是不是在你的鼻头上施加了一种‘压力’？”

“是的！”艾丽法不置可否地随口回答。

“那么，它飞走了以后，压力是不是就随之消失了呢？”

“应该是的！”

“那么，车厢里的鸽子也一样，它们飞动起来，压力没了，车厢的重量就该变轻了呀！”

艾丽法望着动脑筋博士，显然，她并没有弄清谢敏诺夫究竟说的是什么意思，博士对她挤挤眼睛，笑容更加生动了（图 5–2）。

图 5–2

“我想，你说的是对的！”半响，艾丽法才低低说出来：“毕竟鸽子都飞起来了，车子会变轻的。”

“可是车子是完全密封关起来的呀！难道你忘了？”博士说。

“这有什么关系吗？”

“那就要你好好想一想了。”博士笑着：“毕竟鸽子还是在车厢里面的。”

“可是它们不是飞在空中了吗？”

“那又能如何，还不是车厢里的空气。谢敏诺夫，你的课题给艾丽法再合适不过了，但是若想难倒我，还需要更伤脑筋的才行。”博士扬着眉毛，望向了我：“现在，说说你的汽车吧，它又发生了什么样的事情呢？”

“是这样的！”我赶忙说出来，心里真希望这个题目能够难道博士先生：“一辆载重的汽车在沙漠中行进，一条笔直的运河在它右侧两公里的地方，正好平行于汽车前进的路线，一架飞机停在运河左侧一公里的地方，正等待汽车运送汽油和水来，好能够起飞，汽车要先到运河边去取水，再开到飞机处。可是，就在这个时候，驾驶员遇到难题了，把车子开到运河的哪个地点，取完水后再回到飞机停靠处的路程是最短？见（图 5–3）"

我的问题说完还没有一分钟，博士就画出了一张图，让大家能更清楚地明白其中的缘故。我也立刻知道，这个问题对于他来说，实在是太容易了。

解 在这个完全封闭的车厢，它的重量由三个重量组成，第一个就是车皮的重量，第二个是车内空气的重量，第三个则是鸽子的重量，所以，不管鸽子是否飞动，它都无法改变什么，也就是说，无论位置发生什么变化，三个数字相加的和，永远不会有变化的。

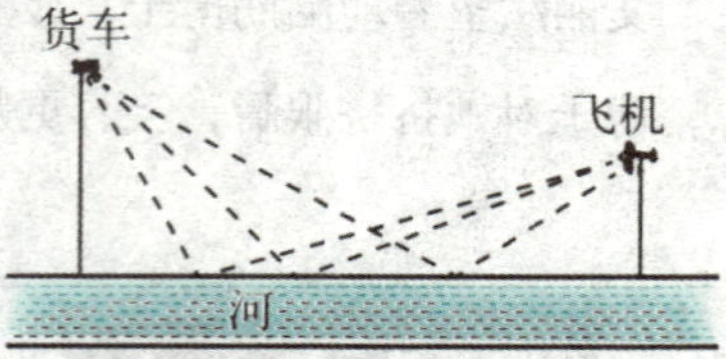

图 5–3

解 图 5–4 中是动脑筋博士给我们演示的图：线 ABC 和 ABD 的长度是相等的，这就是汽车去运河取水，再回到飞机处最短的路线，如果这个驾驶员也是个聪明人的话，他一定会选择去 B 点取水的。

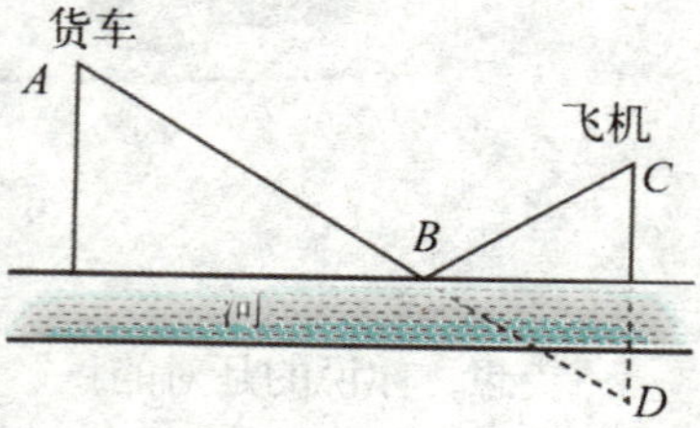

图 5–4

5.4 逻辑题

动脑筋博士想到了一个很有趣的题目，把我们都叫到了他的身边。我们有几分困惑，又有几分兴奋，满心期待地注视着他。他从口袋中掏出两段粉笔，微笑地对我们说："你们看，这两段粉笔，一段是白色的，一段是绿色的。你们三个背靠背站好，我会在你们每个人的额头上用一种颜色的粉笔画一条线，等我喊：一、二、三！你们立刻转过身面对面站好，看其他两个人的额头，如果他看到谁的额头上是一条绿色的粉笔线条，就马上举起自己的手，并且思考自己额上那条线的颜色，如果猜到了，就马上将手放下。你们听懂了吗？”

听起来还蛮有趣的，我们使劲地点头：“明白了！明白了！”

“那么开始！”

动脑筋博士拿起粉笔，在我们每个人的额头上都画了一条线，然后轻轻下了口令：“一、二、三！”

我们以最快的速度转过来，我在他们两个人的额头上都看到了绿色的粉笔线，几乎是同一时间，我将手举了起来，他们也很快的举起了手；可是我已经把我的手放下，也就是说，我是三个人中最快的。

“我的额上是绿色的！”我大声的说出来，很骄傲。

“你怎么猜到的。”博士问。

“这简直太容易了，我一开始看到他们两个人额头上的线条都是绿色的。于是我就假定我的是白色的，那么谢敏诺夫应该会马上放下手去，因为他也猜到：艾丽法看到他额上是绿色，然后举起了手，既然能够猜到自己额上的颜色，他应该立刻放下手，可是，他并没有这样做，由此想来，他并不知道艾丽法是因为看到我们两个中谁的额上是绿线。这样想来，我额上的颜色当然不会是白色，而是绿色的了，这个问题简直太简单了！”

博士听后，用力地拍掌大笑，那表情充满了欣慰和欢乐：“你真的是太聪明了，苏尔卡！这应该算是一道很难的‘逻辑’题目呢！”

“逻辑？”谢敏诺夫张大眼睛，样子很傻，看来他并不懂什么叫逻辑。艾丽法显然跟他一样，只是谢敏诺夫没有问出来，她却争吵似地喊了：“天啊！什么才是逻辑呢？”

“这是一种正确的思考方法。”动脑筋博士这样告诉我们：“逻辑学是一门教人们如何去思考的科学。”

“在我看来，应该就是对任何一个问题都得正确地去想。”我说。

“也对！”动脑筋博士点点头：“只不过一般数学上的问题，我们称它为数学问题；一般需要用力学知识来解答的题目，我们将它取名为力学问题。而那些需要我们用脑子好好思考但不需要任何大学问的小问题，我们便称它们为逻辑题目，为的就是不和其他各类问题相混杂。”

“是这样的啊！如此说来，我也知道了一个逻辑题目！”谢敏诺夫兴奋地喊出来。

“真的吗？那简直太好了！我不需要你们请我吃点心，能多拿出这种问题来，我就太开心了！”博士说。艾丽法则调皮地眨着眼睛：“只是有个要求，必须能马上说出答案的。”

“当然，马上就有答案的。”谢敏诺夫点着头。

解 动脑筋博士说：“你们可曾留心注意到，这猜粉笔颜色的问题是有一个破绽的？苏尔卡之所以能猜到自己额上的线是绿色的，都是因为谢敏诺夫没有及时放下手。也就是说，如果你比苏尔卡更快地猜到了自己额头上的线是绿色的，那结果又将如何呢？你会马上把手放下，这时苏尔卡就会认为自己额头上的线条是白色，而不会肯定它是绿色的了。”

5.5 立即得出的答案

“去年，我参加了少年先锋队的野营活动！”谢敏诺夫慢条斯理地讲述着他的题目，样子很是神秘，足以勾起我们的好奇心：“我参加了一次军事游戏。在整个游戏中有一个环节是脚踏车竞赛，而遗憾的是，我自己没能参加这场比赛，被安排在‘司令部’里对他们发回来的机密报告进行深入研究。竞赛开始了，从司令部中驶出了五辆脚踏车，分别是科远、多远、娜佳、雪丽莎和娃霞。我就等候在司令部里，时间没过多久，我便收到了一只通讯鸽带回来的纸条，上面有五份写在香烟纸上的报告：

一、“雪丽莎排在第2名，遗憾的是，车胎气不够了，我只能拿到第3名，科远。”

二、“我赢了！我是最棒的，是最先达到目的地的人。娜佳排在第 2 名。多远。”

三、“我是第 3 名，多远最凄惨，落在最后了，娜佳。”

四、“我是第 2 名，娃霞排在倒数第 2，雪丽莎。”

五、“真是太倒霉了，我居然是第 4 名，科远抢走了第 1 名的位置，娃霞。”

“你们可以想象，当我们读到这些报告的时候，我整个人都傻掉了，他们的答案让我眼花，他们 5 个人的报告竟然有 5 种截然不同的情形，每个答案相差太远了：一个报告说是多远是第一名，另一个却说是科远。一个说娜佳是第 2 名，另一个指定给了雪丽莎。我困惑了好久，想了好多方法，我才明白：这五个人的报告，只有一项是真实的情况，其他答案都是捏造出来故意为难我的。”

动脑筋博士问：“那么，他们成功了吗？”

“当然不会，我可不是坐在司令部里不做事情的人！”谢敏诺夫大声地说，眼睛闪亮而明快。动脑筋博士在屋子里缓慢地走了一圈，他的表情兴奋极了，显然对这个题目很感兴趣，接着他又坐到了椅子上，把这 5 个答案抄写了一份，一边研究一边自言自语，过了很久，他终于笑着转向了我们。

“亲爱的孩子们，我想到了，这里有两个报告，都说娃霞是第 4 名。如果这都不正确，那么真实的情形应该是雪丽莎第 2 名，而科远是第 1 名。如果科远是第 1 的话，就证明多远的报告是假的，他不会是第 1，那么他报告的第 2 项就是真的，也就是娜佳是第 2 名。如此一来，第 2 名就有了娜佳和雪丽莎两个人，这是不可能存在的情形。因此，可见娃霞确实是第 4 名，那么雪丽莎绝对不会是第 2 名的。既然如此，科远报告自己是第 3 名是对的。这就看出，娜佳的报告是骗人的，而她说多远是倒数第一才是实情，这样看来，多远所报告自己的名次是假的，而所说的娜佳的成绩才是实话：娜佳是第 2 名。现在唯一剩下的就是雪丽莎了，可是各个名次都已经有了人，那么她一定是第 1 名了。我解答的对不对？”

我们都瞪大眼睛，表情呆滞，谢敏诺夫第一个喊出来：“博士，你说得太快了，连我自己都弄不清楚了，能直接告诉我们你的答案吗？”

“我认为第 1 名是雪丽莎，第 2 名是娜佳，第 3 名是科远，第 4 名自然就是娃霞了，至于多远，他是整个队伍中跑得最慢的，对吗？谢敏诺夫？”

“完全正确！”谢敏诺夫大声地给予肯定，同时也惊奇于博士解答难题的神速，自己是完全不能与之比拟的。

解 “是不是从谁开始推算结果都一样？”艾丽法低声地问。

“是的！”老博士点点头：“刚才我们是从娃霞开始的，现在我们就从科远开始尝试一下吧！”

艾丽法听后便依照博士的方法，开始缓慢地推算了：

“科远说自己是第 3 名，假定这是正确的，那么雪丽莎的第 2 名和娜佳的第 3 名就是错误的了，然而多远的最后一名却是正确的，但他说自己是第 1 名，这样一来，他的话就是骗人的了，而娜佳的第 2 名才是对的，至于娃霞，我们也知道，假如科远第 1 名是不对的，那就证明，娃霞得到的名次是第 4，剩下的雪丽莎，她只能站在唯一还没有人占有的位置上，也就是第 1 名，如此看来，我们所推算的完全是正确的了。”

5.6 忙着看戏的姐姐

每个人都说着自己的题目，我也想到了一个，相对来说很容易却更加有趣味。

三个人坐在一只小船上，自由自在地在水中飘荡，他们其中一个人是瞎子，一个是聋子，另外一个人既看不到，也听不见，因为他躺在船上睡着了。

他们的船慢慢驶出了港口，离河岸越来越遥远，突然听到有人从岸边开枪，聋子马上看到了从枪口冒出的青烟，瞎子立刻听到了枪声，只有睡得很沉的那个人惊醒了过来，因为这个子弹刚巧擦过了他的鼻头。

现在，请你们回答我：他们三个人中，最先发觉岸上有人放枪的是谁？

这个题目非常简单，每个人都会推算，不需要我多说，可是我有了一个重大发现，而毫无疑问的，因为这个发现，今日的科学会更加丰富，想知道我发现了什么吗？这真是个有趣的难题，它比瞎子听到的声音、聋子看到的光，和熟睡的人所感觉到的子弹的速度传播得都快！我想，已经有人猜到了，那就是题目传播的速度比声、光和子弹的速度还快，对吗？

今天，太阳刚刚升起，谢敏诺夫就跑到我的家里来，看到我，他显得一脸的惊愕："天啊，你怎么还没起床，快穿衣服，不过，你穿衣服的时候，我可以问你一些有趣的问题，这样你一面回答，一面穿衣服，就更愉快了。"

"是什么问题呢？"

"我的姐姐昨天急着去看戏，她的袜子都在一个柜子里，总共有 7 只白色的，8 只黑色的。你也知道，她做事一向大大咧咧，那些袜子的命运可想而知，一定是乱七八糟堆在里面的。不巧的是，昨天她着急出门，电灯坏了，又找不到火柴蜡烛，姐姐只能在黑暗中摸索，那时，不管是白色还是黑色的袜子，在昏暗中都变成了一种颜色，戏院开演的时间又快到了，她非常着急，这时叔叔正在房间里点着蜡烛看书，于是姐姐抓了一大把袜子，来到叔叔的房间。现在我的问题来了，苏尔卡，你能告诉我，她至少拿了多少只袜子，才能够有一双颜色是相同的呢？"

谢敏诺夫提完他的问题后，就神秘地一笑，跑开了。我皱紧了眉头，将自己整个穿衣服的时间都奉献给了这个问题。等我穿好衣服，就立刻跑去隔壁找谢敏诺夫，看看我的答案是否正确。可是这时他已经不在家了，我只能赶往学校去，在路上，我遇到了艾丽法和蓓达。

"艾丽法！蓓达！"我礼貌地跟她们打招呼："我的姐姐……"

"急着去看戏！"两个人异口同声地回答，望着我哈哈大笑，我也笑了，我应该想到谢敏诺夫不会将这么有趣的题目只出给我一个人。可是他的速度有那么神速吗？我心里充满了怀疑："你们的爷爷呢？"

"我们出来10分钟了，他应该还不知道！"

哦！那简直太好了，我赶忙跑到电话机前给博士打电话："又有一个好题目！我的姐姐……"

"急着去看戏！"他立刻接下了我后面的话，我怔着，哦！天啊！谢敏诺夫的速度还真是惊人。我放下话筒，去追赶艾丽法和蓓达。想在她们之前赶到学校，在我不懈的努力下，终于如愿以偿，当我推开教室的门，大声喊道："大家听好了，一个新的题目：我的姐姐……"

"急着去看戏！"全班同学异口同声地回答了我。我有些发怔，但还是作着最后的挣扎："她的柜子里……"

"放了许多的袜子！"

我的话还没讲完，大家已经早连答案都说了出来，这是不是有点尴尬，也许这是谢敏诺夫的恶作剧，他早在给我出题目的时候，就已经打电话通知过大家了？可是仔细想想，应该不会的，他今天在地理老师上课半分钟后才进教室，那时全班同学都在认真听讲了。

"天哪！怎么都知道了！"谢敏诺夫小声的跟我说："这题目跑得真快，仿佛整个莫斯科都知道了，今晚回家姐姐一定会埋怨我了！我真的没有故意说她大大咧咧的。"

解 "我的姐姐"只拿三只袜子去叔叔房间就可以了，三只中至少有两只颜色是相同的。

5.7 比赛

我们将"新发现"告诉博士后，博士哈哈大笑起来，给我们提出了一个非常有意义的建议："孩子们，最好在'少先队真理报'上开辟一个竞赛专栏。

在我看来，很多读者还不知道‘我的姐姐’最少要拿几只袜子。我们何不叫他们也动动脑筋呢？”

我们接受了博士的建议，连一秒钟都没耽误，就跑到了少先队真理报馆去了。要开辟一个竞赛栏，必须要有个题目来投稿，编辑先生问我们有没有带来动脑筋的问题。

“我的姐姐……”谢敏诺夫大声地说。

“急着去看戏。”我急忙补充着。

“她的柜子里……”谢敏诺夫说。

“有很多袜子！”我接着说。

编辑困扰地看着我们，完全没有弄懂这是个什么样的题目，谢敏诺夫提议由我来讲，因为编辑太忙了，只能抽出一小会儿的时间来。他听完我们的题目和建议后，完全接受了，并请动脑筋博士任义务指导员，我和谢敏诺夫负责拆阅参加竞赛者寄来的答案。

编辑先生说：“这次的题目不能出得太难。‘我的姐姐’第二次用好吗？”

我们都点头同意。一个星期以后，我们收到了一份新出版的少先队真理报，后面有个方框栏，上面印着“动脑筋竞赛”的第一道题目，是一个全新的问题：

“有相隔4公里的甲乙两座城池。一列火车的所有车厢全长一公里的火车，从甲城出发开往乙城。当列车最后一节驶出甲城城门的时候，一个列车长走过所有的车厢，来到最后一节的后面，由这儿向机车走去。恰巧，当机车开到乙城城门的时候，这位列车长也刚好走到了机车上。现在请你动脑筋，好好思考一下：这位列车长一共乘车驶过了多远路程，又走了多少路？”

解 我们知道，列车长走了所有车厢的全长，也就是1公里。而甲城到乙城总共是4公里，实际他坐车的路程只有3公里，如果这位列车长先在铁道上步行了1公里，再跳上列车，当然是跳上机车，而不是跳到最末一节，那么这道题目的答案就出来了，是完全一样的。但这个题目太简单了。

5.8 难，也不难

自从认识了动脑筋博士以后，我把几乎全部的空闲时间，都消磨在了这位老人的家里了，他对少先队真理报的竞赛有着深厚的兴趣，态度更是严肃到了严谨的地步。

“苏尔卡，你知道吗？每个孩子都是不尽相同的，有的孩子需要把题目出得简单些，而有的孩子却希望题目能难些，我努力地想使每个人都找到适合自己解答的题目，所以我经常会出一些看来很难，但解答起来却很简单的题目，只是解答这种题目时经常会令人有无从下手的感觉。现在，我就给你一个这样的题目，不难，也很容易解答，只是你一时无法想到解答的方法。给我一支铅笔好吗？我画出图来让你看看。”

他画了图 5–5：

图 5–5

图中有一条河，河水的流动方向如图上箭头所示方向。在这条河上有两座木桥，它们之间的距离是 1000 米，从第一座桥上，一个游泳健将和一块小木片同时下水。木片像乖巧的孩子，顺流而下，游泳健将则先逆水游了 10 分钟，然后才转过头，顺流而下，追赶木片，结果，这位游泳健将和木片同时达到了第二座桥，现在请你回答我水流的速度是多少？游泳健将的速度又是多少呢？

我怔着，努力思考，想寻求到答案，但是整整一个下午的时间过去了，我还是没有找到解答的线索，这让我懊恼极了。

博士看出了我的情绪波动，微笑地注视着图片，笑着说："怎么样？我早说过，这个问题不是那么简单的。让我们一起来探索答案吧。首先我们可以假定木片上停着一只近视眼的苍蝇。它既看不到岸边，也感觉不到水的流动，那感觉就像我们在地球上一样。那么它是不是就会设定自己在一个静水中的木片上，而远方的木桥正缓缓地向自己驶来，还有，近视的苍蝇和游泳健将都在同一条河的水中，所以它会天真地认为游泳健将也是在静水中游动的。"

"现在让我们以苍蝇的立场来讨论这个问题吧。通过假定，水是不会流动的，那么两座桥则用河水流动的速度在移动着，只是方向与水流方向相反，而这对于苍蝇来说没有任何关系，最开始的时候，它会觉得游泳健将逐渐远离自己，慢慢地，便会觉得游泳健将在奋力拉近距离，而且，刚好在第二座桥驶到苍蝇所乘坐的木片时，游泳健将也追赶上了苍蝇，他们同时遇到第二座桥。

"真的！这样假设一下，题目就简单多了。"博士继续说："游泳健将在相对静止的水中，先往苍蝇的反方向游了10分钟，由于水是静止的，游回来还需要10分钟，总共就是20分钟，这样，桥是以50米／分钟的速度移动的，也就是水流的速度了！"

我急切地问："那么游泳健将的速度呢？"

"游泳健将的速度是多少对题目的解答没有任何影响！"他坚定地回答："不相信的话，你可以自己试试看！"

我的心因为兴奋而狂跳着，我觉得这是道非常好的题目，想把它也列到少先队真理报上，可是博士并没有同意："竞赛栏的题目是要各位参加的读者寄来答案，而不能说出答案，如果你知道这道题目的入手点在哪儿了，那这个问题就很容易，没有吸引人深入的力量了，相反，如果不知道，又感觉难如登天。我想来想去，还是觉得用那道两条木棒的题目好些！"

"什么'两条木棒'？我怎么不知道！"

解 当我把木片和游泳健将的题目讲给学校的代数老师彼得先生听的时候，他对博士这种聪明的解答方法，非常的佩服。他说：

“请你把动脑筋博士介绍给我认识好吗？我相信，一定可以在这样有能力的人身上学到很多有用的东西。还有，你们愿意听听我对这个题目的解答方法吗？我用的是普通的代数方法！

他来到了黑板面前，用粉笔轻轻地写下：

$$A \xrightarrow[1000\text{米}]{\rightarrow} B$$

我们可以尝试用 A 来代表第一座桥，B 代表第二座桥，河水缓缓地从 A 流向了 B，游泳健将先逆流游了 10 分钟，这里我们可以假定一下，游泳健将的速度比水流的速度快，那么他可以在这段时间里游到 A 点左方的 C 点处：

$$C\cdots\cdots A \xrightarrow[1000\text{米}]{\rightarrow} B$$

水流的速度（每分钟的米数）用 v 表示。

游泳健将的速度（每分钟的米数）用 p 表示。

先解答游泳健将的问题：

游泳健将从 A 到 C 的游泳速度是 $p-v$；他以这个速度游了 10 分钟，换个表示方法，从 A 到 C 的距离就是 10（$p-v$）：

$AC=10(p-v)$

而他要从 C 点游到 B 点：C 到 B 的距离和 C 到 A 的距离相比要长 1000 米，那么也就是：

$CB=10(p-v)+1000$

可是我们知道，他这时的游泳速度已经是 $p+v$，那么他从 C 游到 B 一共花费的时间是 $\frac{CB}{p+v}$ 分钟，那么就是：

$$\frac{10(p-v)+1000}{p+v}\text{分钟}$$

游泳健将碰到木片的时候，他已经游了多久？他先朝反方向游了10分钟，然后又顺流游了$\frac{10(p-v)+1000}{p+v}$分钟，那么他一共游的时间是：

$$10+\frac{10(p-v)+1000}{p+v}\text{分钟}$$

现在我们来计算一下木片吧！木片在水中顺流浮着的时间为：它漂浮了1000米，速度是V（单位是米/分钟），那么它漂过全程所用的时间为$\frac{1000}{v}$分钟，根据题中所介绍的，木片和游泳健将是在同一时间出发，并且也是同一时间结束旅程的，也就是说游泳健将和木片所花费的时间是相同的，那么答案就应该是这样的：

$$10+\frac{10(p-v)+1000}{p+v}=\frac{1000}{v}$$

“那么现在，”彼得先生大声地说：“我们每个人都可以自己解答一下这个方程式了，可以先通分，再把分母消掉，开括弧——，换而言之，一切按照解答方程式的步骤来进行吧！”

时间一分一秒地划过去，笔纸间的声音流畅地宣泄着，十分钟以后，有几个人举起手来。

“怎么？这样快就‘游’玩了吗？”彼得先生开心地问：“茹拉芙科娃，告诉大家你的答案。”

茹拉芙科娃犹豫着回答：“我算出了一个很古怪的方程式，这个方程式中居然有两个未知数！”

说话间，她来到黑板前，将自己的答案写到了上面：

她苦恼地说：“现在，我真的不知道该怎么继续算下去了！如果把p消掉，的确可以算出游水的速度v，但是这样一来p将是永远的未知数了。”

“你为什么不尝试先把 v 算出来？至于 p 的值，我们另外再处理。”

茹拉芙科娃一听，便快速的在黑板写上：

$$20pv=1000p$$

$$20v=1000$$

$$v=\frac{1000}{20}=50$$

“河水流动的速度是每分钟 50 米，这也是木片浮动的速度，那么游泳健将的速度是多少呢？”

“游泳健将的速度是任何值结果都一样，你相信吗？”彼得先生大声地说：“你们仔细观察这个方程式，那么就可以看到：假如 $v=50$，至于 p，它是任何值时，方程式都是成立的。”

下课铃声响了起来，我们都合上了自己的笔记本，只有谢敏诺夫还在窗子面前发着呆，彼得先生走过去，关心地注视着他：“怎么了？”

“哦，彼得先生！”谢敏诺夫说：“我还是不明白，我们起初是假定好游泳健将的速度是大于水流的，这个值并不是任意的值啊？为什么结果会是这样？”

“这个问题问得非常好！”彼得先生微笑着，他有一双明亮而充满智慧的眼睛：“你可以试着计算一下，当 v 大于 p 时，得出的结果和原先的结果还一样吗？”

5.9 铁棒还是磁石？

一天上午，我在博士的书房里看书，他忽然对我挤挤眼睛，从书桌的抽屉里拿出两根铁棒（图 5–6）。

图 5–6

"磁石！"我兴奋地低喊。

博士瞪大眼睛，注视着我，慢慢地摇头，严肃地说："不要在没有充分证明之前就武断地给一件东西下定语，这是很重要的！"

我点点头，明白他话的含义，他又笑了起来，继续着他的题目："这两根铁棒都是一段红色，一段蓝色。它们中只有一根是磁石，另一根则是极为普通的铁棒。"

"那么，究竟那一根是磁石呢？"

"这就是我要考你的题目了！"博士笑得更加神秘了。我转动着眼珠，看到了桌面上，装满大头针的盒子，博士立刻扬起了眉毛："你这孩子太狡猾了，用大头针的方法是小孩子做的把戏，太简单了，谁都知道，只要能将大头针吸起来，就是磁石了！苏尔卡，你还是动动脑筋好好思考一下吧！现在你的手里只准拿着铁棒，也不许将它们悬挂起来，试验南北，你们不能再动任何东西了，而且要把两根铁棒紧紧握在手里。"

我只能无奈地耸耸肩膀，两手各拿着一根铁棒，开始认真思考着怎么才能知道它们中哪根是磁石，在我还没有想出任何方法的时候，谢敏诺夫、艾丽法、蓓达三个人从报馆回来了。看上去他们都很兴奋，大呼小叫得几乎要将天花板都震落下来，也完全打断了我的思绪，我忍不住探过头去，看到谢敏诺夫摇着手中的信封，大声地问我："猜猜，有多少？"

"是读者参加竞赛的信，都寄来了，我想应该有 100 封吧！"

"我看得有 200 封吧！"博士说。

"你们都答错了，是 15000 封！一共是 15000 封呢！"

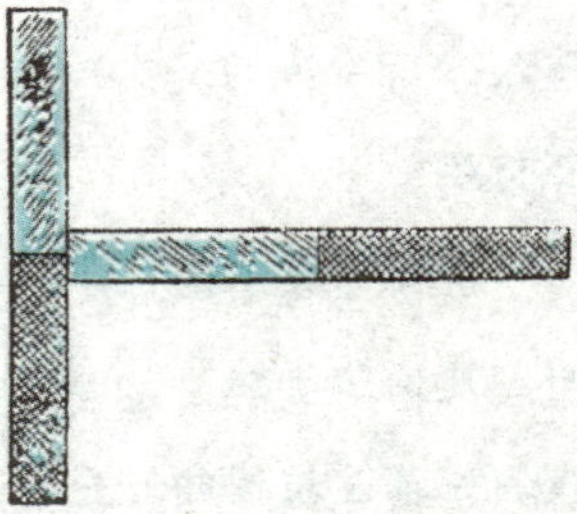

图 5–7

解 我们都知道，磁铁的吸引力是两头的磁力强，而中部相对而言，便比较弱了，到了正中间的时候，几乎完全没有了吸力。我们可以拿一块铁来实验一下，证明这是完全正确的。

现在我们可以用棒 1 去接近棒 2 的半中腰，如没被吸住，那么棒 2 就是磁石，如果吸引住了，就说明棒 1 是磁石了（图 5–7），你看，是不是很简单呢？

5.10 植树

现在我的生活似乎跟提问题、解答问题分解不开了，而且，我越来越感觉到读那些来信，真的是一件非常有趣的事情，很多读者寄来的信上都写着前面两个问题的答案，满眼的："我的姐姐……"、"袜子……"、"我的姐姐……"、"袜子"，"两双"、"三双"、"四双"……

而就在大家以为都是回答问题的书信时，突然看到一封提出问题的信，我们真是惊讶不已，博士更是兴奋极了，他整个喉咙里都发出满足的轻微的咳声："这真是一个太好的题目了，我们一定要把它发表到竞赛栏目里面去！艾丽法，蓓达，别做午饭了，快过来，这真是一个叫人兴奋的题目，它是从斯大林诺果尔斯克邮寄过来的，是一个新建的城市，它有个好听的名字，叫'植树的故事'"

就算我们住在城市里面，依旧可以好好地过一天"树林日"。我们这里是一个新建设的城市，新开辟了一条马路，上面一棵树木都没有，所以我们决定要把它绿化一下，虽不能成为森林，但是能看到一排排整齐翠绿的树木，也能使人心情愉快的。你知道菩提树吗？它的花真香啊！我希望能够看到一条街的菩提树。

植树那天，我们分成了两组，一组是我和我的队友们，它有个很好的名字，叫"夏伯阳小组"，另一组是克斯嘉的"基洛夫小组"，千万不要小看我们，我们可都是植树的好手！

前天晚上，我们就准备好了工具，画好了种树的位置，我们设定的是每两棵树的距离是3米，将整条马路划分成南北两半：南边的属于我们，北边的由基洛夫小组去完成。

我们两个组都不甘示弱，都准备在这次植树比赛中大展拳脚，我相信，尽管基洛夫小组很有实力，但是跟我们比较，还是略逊一筹的。

我们自信满满，比赛那天，我们本来说好的是8点钟，我却在7点的时候便将自己小组的人马召集齐了，在我看来，早到早开始，我们全体向指定地点出发了，但是到了之后，我才发现克斯嘉他们已经到了，并且已种下了3棵树。

“怎么样？”他得意地看着我：“上当了吧！”

“这个当上得还不错！我要谢谢你呢！克斯嘉！”我笑着说：“你们真是太客气了，还帮我们种了3棵树。”

“什么？”

“你不会是大意才种错了吧！”我故意说得又慢又清楚：“我们昨天不是说定了吗？马路的南边是我们的，这不就是南边的部分吗？”

克斯嘉的脸立刻红了，有点恼羞成怒：“糟糕！”他喊，用力抓着自己的头发：“算了，我们还能赶上你们！”

他们回到了自己的那边，比赛正式开始了，那个场面真的是太激烈，太叫人兴奋了，倘若老天有眼，都会为我们感到骄傲的。那天的冠军当然是我们，由于他们帮我们种了3棵，望着他们忙碌而失落的样子，我对我的战友们说：“来吧，让我们帮帮他们吧！”

那天我们种的是菩提树，它们像一个个小战士一样，精神抖擞地站立着，整齐极了。我们来到克斯嘉小组帮忙，种了6棵树，这样一来，我们欠他们的债也还清了，这时树全部种完了，望着大家满头的汗水，我微笑着，感觉真的很不错。

我得意地对科斯嘉说：“看到了吗？虽然是你们先开始的，但是最终我们也赶上了，并且取得了胜利。”

“有什么了不起的，只是多种了3棵树而已嘛！”克斯嘉很不服气。

“为什么是3棵树？我们帮你们种的不是3棵而是6棵啊！”

“可是一开始我们帮你们种了3棵树，你兴奋得连10以内的加减法都不会了吧？6减3？会算吗？”

我不服气，开始和他辩解，我的队友们也开始大声吆喝：“6棵！6棵！”

基洛夫的小组也不甘示弱地大声喊着：“3棵！3棵！”

“怎么可能是3棵，明明是6棵，我们比你们多种了6棵！”

科斯嘉大声地喊着：“你们给我们种了6棵，我们给你们种了3棵，你们的脑袋里都是浆糊吗？6减3不是3吗？”

“3棵！3棵！”我对着科斯嘉大喊着：“3减3等于0，你们居然连这个都不知道，算了！我们还是找个人来问问吧！你们等着认输吧！”

我们找到了一个警察，把事情的经过告诉了他，并急切地问：“到底是3棵还是6棵呢？”

博士一口气读完了信，他还沉浸在那种兴奋里：“这个问题太棒了！我们将它作为竞赛的第三道题目吧！你们都没有异议吧？那么，我们就这样决定了！”

解 “你们是夏伯阳小组吗？就是后来到的那个小组吗？”警察这样问道。

“是的！”

“这样的话，夏伯阳小组要比基洛夫小组多种了6棵树，你们都不要着急，让我慢慢解释给你们听好吗？”警察微笑着说：“假定每一列是20棵树，那么夏伯阳小组是种了自己这边的17棵树，再加上基洛夫小组那边的6棵，也就是23棵树。而基洛夫小组在夏伯阳小组那边种了3棵树，在自己这边所种的就是20减6再加上3，也就是一共17棵，如此一来，不正好比夏伯阳小组少种了6棵吗？”

“可是我们每边都是80棵，并不是20棵啊！”科斯嘉说。

警察笑着说：“这个没有影响，最终的结果都一样。”

我们都接受了警察的说法，但是谢敏诺夫对警察的算法并不喜欢，他还是用自己最擅长的代数方法来解决了这个问题：假定每边有 n 棵树。

夏伯阳小组在自己这边种了 n−3 棵树，在对方那边种了 6 棵。

基洛夫小组在自己这边种了 n−6 棵树，在对方那边种了 3 棵。

如此一来，夏伯阳小组种树的数目就是：n−3+6=n+3.，而基洛夫小组的种树数目则是：n−6+3=n−3。

“这样算来就非常清楚了，不管这两边的树有多少棵，夏伯阳小组都是比基洛夫小组总是多种了 6 棵树。”

5.11 猜猜看！

你喜欢猜猜看吗？如果喜欢，我就给你出一个问题吧！

我们在哪里碰到了动脑筋博士？这看似很简单，但是你手中若一点资料都没有的话，也将成为很困难的问题了！所以为了帮助你快点猜到，我还是预先给你们一些吧！

首先告诉你谢敏诺夫现在非常喜欢潜水艇模型的制作，已经达到痴迷的程度，他需要一些铜管子，若想得到这些东西，最好的地方就是运动器材店的打猎用具部。

再者，动脑筋博士有两位孙女，在这次学校举行的溜冰竞赛中，这两个姑娘取得了前两名的成绩，为此动脑筋博士打算给她们买漂亮的溜冰鞋作为奖励。说到这里，你应该猜想得到，我们是在哪里遇到博士的吧？

没错！就是季那莫商店。

我和谢敏诺夫刚走进门，就看到博士站在柜台边，情绪似乎很激动，而他的身边站着 6 位海军，从衣着看来，应该是 3 个船长，3 个水兵，正聚精会神地听他大声说话："这毫无疑问！一定是沉到海底的！哦，真巧，孩子们你们来了！你们现在过来，能遇到这样有趣的问题！我真是太高兴了，这些海军同志想诱我上钩，哪有那么容易的？你们知道他们提出的是什么问题吗？是这样的：如果一艘战舰沉没在大西洋中间，它会一直下沉直到海底吗？还是沉到某一深度后，就由于受到海水密度的排挤，而永远地悬浮在半海中了？"

"当然是悬浮的了！"我很快地回答了："大西洋中间太深了，海水密度已经足够大时，战舰是无法沉下去的！"

"才不会，一定是一直下沉到底的！"谢敏诺夫反驳了我。

海员们看见我们有相反的意见，不由得都更加感兴趣了，其中一个矮个子的圆脸水兵说："来吧！你们可以来一场辩论比赛，看看最终谁能赢！"

另一个水兵犹豫着说："这个提议当然很好，但是我想，我们还是先买了所需要的东西，然后到饮食店去好好谈谈，毕竟那里能提供给我们更好的谈话环境！"

所有人都同意了这个水兵的提议，我和谢敏诺夫买了铜管子，博士买了溜冰鞋，而海员们买了许多东西，有排球、台球、小口径猎枪……等一切都买完后，我们把这些东西都寄存在了店里，然后一起来到了饮食店。

谢敏诺夫是个急性子，还没有吃一点东西，便开始了他对战舰一定会沉入海底的观点的讲解，完全一副胜利者的状态，最后他问博士："我回答得对吗？博士？"

"很正确，孩子！现在轮到你给海军们出题目了，一定要难一些的才好！"

"好的！"谢敏诺夫点头，很是兴奋："假定我是一艘船的船长，船上一共有 182 名船员。一次出海航行，我们遇到了狂风，船在离岸边还有 15 公里的地方，失去了控制……"

他滔滔不绝地讲着，好像是在朗读课文一样，并且捏造了很多的数目字和地名。我环视着大家的表情，大家都很认真地听着，我却感到脸渐渐地开始发烧，而且越来越严重，谢敏诺夫所说的题目，在学校里几乎每个人都知道，可是在这些海军身上，他们一定是听都未听过的，当谢敏诺夫最后问出："这个船长叫什么名字？"的时候，全体的人都大笑起来，甚至有人笑出了眼泪。那个矮个子圆脸的水兵，更是高兴地从椅子上跳了起来，他叫高鲁比，望着我们，眼睛中充满了友情。

"喂！"博士看着高鲁比说："现在轮到你们了！"

"我早就准备好了，不过有一样，你们可不能嫌问题太难而骂我，还有，必须在两个小时内给我正确的答案，否则没有猜到的人要爬到桌子下面学公鸡叫。"高鲁比大声地说："一共有三艘船，我们三个是每一条船的船员委员会的委员，个子高高的那个人名叫彼得罗夫，那个小家伙是潘琴科，至于我，叫高鲁夫。其余三位是船长：伊凡诺夫、菲力波夫、董司科依。我们今天为了奖励船上的优秀员工，特意买了很多奖品，我已经统计过了：每位船长所买的奖品，要比他的那只船的船员委员会的委员节省 63 个卢布。而我们每个人所买的奖品数目，正好是他平均每种奖品所花的钱数。另外，潘琴科买的奖品比伊凡诺夫船长多 23 种，彼得罗夫买的奖品比董司科依多 11 种，现在请你们来猜想一下：我们这三个委员分别和哪位船长在同一条船上工作呢？"

"哦，请你慢点再说一遍好吗？"博士请求着，将题目一句一句清清楚楚地记到本子上，然后他皱起眉头，趴在桌上开始思考。高鲁比则立刻掏出了自己的手表，放在桌子上开始计时。

博士开始是端坐沉思，后来不安地从椅子上站起来，围着桌子走来走去，像只没有头绪的蜜蜂，嘴里轻轻地哼着："潘琴科的奖品比伊凡诺夫多 23 钟！彼得罗夫的奖品比董司科依多 11 种，每位船长比他船上的委员少花了 63 卢布！"博士忽然抬起头来，瞪着我们，大声地喊道："你们还是出去玩吧！不要打扰我思考问题了！"

这个提议对于我们来说是相当美妙的，我和谢敏诺夫想都没想，便从椅子上跳起来，到外面滑了两个小时的雪，当我们满脸笑容，再次回到饮食店的时候，正好看到博士坐在桌子底下，看到我们，也并未感到尴尬，甚至更大声地学起了公鸡叫。

“我认输了！高鲁比先生，你的问题让我绞尽脑汁了，可是还是不知道该如何着手，请你把答案告诉我吧！”

“既然你已经学了鸡叫，我当然可以把答案告诉你！”高鲁比大笑着说，从博士手中拿过纸笔，开始讲解：

解 沉没的战舰

“实验中，我们可以用铁球来代替轮船进行说明”谢敏诺夫说：“铁球沉到海洋深处，的确会受到海水四面八方的强大压力，然而这些压力是相等的，并不能阻止铁球的继续下沉。如果铁球的比重是8，也就排出水的重量的8倍，若想叫铁球无法下沉，水必须有非常大的密度，然而，水的密度有限，即使在海洋深处也不会将体积压缩到原有的$\frac{1}{8}$，所以说，铁球的重量大于它排出的水的重量，那么它会一直沉入海底，这和战舰会沉入海底的情况是一样的。”

解 船长和委员

某船船员委员会的委员所花的钱数用 m 来表示，他的船长所花的钱数用 w 代表。依照题意，每位船长比委员少花63卢布，也就是：

$$w= m-63$$

这位委员所买的奖品数用 n 表示，依照题意，每位委员所买的奖品为平均后所花的钱数，也是：$n=\frac{m}{n}$，或 $n\cdot n=m$，因此，$n=\sqrt{m}$。

那么这位委员所买奖品的数目就是$\sqrt{m}$，他的船长的则是$\sqrt{w}=\sqrt{m-63}$。然而，我们都知道，像台球、排球等物品，不可能只买半个或者一部分，所以这些数目一定是整数，即：$\sqrt{m}$是整数，和$\sqrt{m-63}$是整数。同理，$\sqrt{m-63}$应是较$\sqrt{m}$小的一个整数。

现在让我们假定$\sqrt{m-63}$等于整数 p，则$\sqrt{m-63}=p$ 或 $m-63=p^2$，不过刚才我们说过 $m=n^2$；所以：$n^2-p^2=63$，或是：$n^2-63=p^2$。

我们可以依据代数学的计算方法，两个平方数之差等于这两个数之和与这两个之差的乘积。所以可以把上述算式写成：$(n-p)(n+p)=63$。

这个方程式的左边是两个乘数相乘，n和 p 都是整数，而n又大于 p。由此第一个乘数的（$n-p$）一定比第二个乘数（$n+p$）小。

两个什么样的整数的乘积是63呢？这样的数并不多，只有1与63，3与21，7与9这三组。

所以如果：　　$n-p=1$ 则 $n+p=63$

$n-p=3$ 则 $n+p=21$

$n-p=7$ 则 $n+p=9$

在第一式中：　　$2n=64$ 则 $n=32$

在第二式中：　　$2n=24$ 则 $n=12$

在第三式中：　　$2n=16$ 则 $n=8$

所以说3位委员各买了32、12和8种奖品，而各位船长的奖品数目用$\sqrt{m-63}$表示，那么$m=n^2$；只要往算式中代入n的数字，船长所买的数目就计算出来了，就是：

$\sqrt{32^2-63}$，$\sqrt{12^2-63}$，$\sqrt{8^2-63}$，或31，9，1。

我们很早以前就知道，彼得罗夫委员比董司科依船长多买了11种。比较32、12、8和31、9、1这几个数字，从而得知彼得罗夫买了12种，董司科依只买了1种，因为任何其他一对数目中都找不到11的差数。

潘琴科委员比伊凡诺夫船长多买了23种，这样32应该是潘琴科买的数目，伊凡诺夫所买的奖品数就是9。因此我们便可以得出结论了，彼得罗夫是伊凡诺夫船上的委员，潘琴科是菲力波夫船上的，高鲁比则是董司科依船上的委员了，这道题是不是很惊险刺激呢？

5.12 脚踏车的题目

最初，我们曾经打算将“三个船长和三个委员”作为竞赛题目出给大家的，但后来还是觉得不用了，这道题毕竟太难了，所以博士提议用“脚踏车小魔术”来代替，这是一道全新的题目，叫我们很好奇，央求博士先讲来听听，博士便开始大声地说了：“如果你们有脚踏车的话，就可以演示这种魔术了，将脚踏车垂直地放在地面上，使它不会跌倒而且还可以动。再把一个脚蹬放在最高点，另一个必然处于最低点，我们用一条绳子系在最低点的那个脚蹬上，站在车子的后面，绳子水平地伸张着，然后慢慢拉动绳子，车子会往前面跑，还是向后跑呢？”

“天啊！”谢敏诺夫大喊：“这样的题目怎么能拿来用作竞赛呢，三岁小孩都知道脚踏蹬是作顺时针方向转动，后轮就像有人骑在上面一样转动，车子肯定是往前走的啊！”（图 5-8）

“你确信它会这样吗？”博士微笑着，他的眼睛散发着光彩，像只狡猾的狐狸，谢敏诺夫却依旧不知死活地点着头：“当然！”

“我们先用实验去验证一下，等得到结论了，我们再回来一起讨论要不要将它作为竞赛题目！”博士大声说。

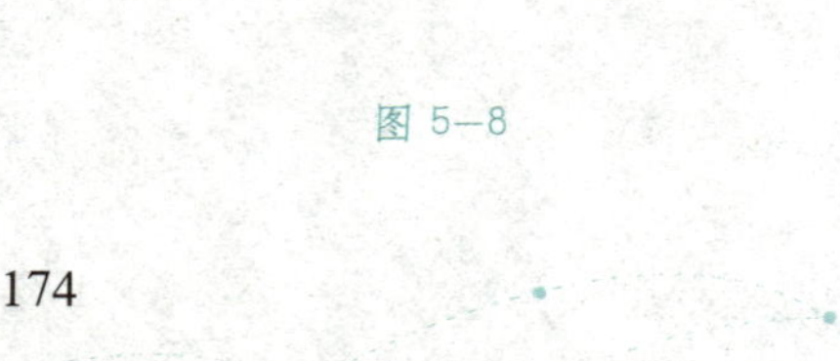

图 5-8

图 5-9

博士让艾丽法和蓓达给他找来一线轴：“我们来做一个试验，可以不用脚踏车做道具。”

女孩们不一会儿就给他拿来了一个白线轴和一个黑线轴，博士选了一个线比较少的线轴放在桌上，并把线的一头交给我。

他说：“就把它当作脚踏车吧。这根线从线轴的下面引出来，你把线放平，拉动它，看看这个线轴往哪边滚。”（图 5-9）

我在拉动线头之前，想了想说：“向前滚。”

博士没有回答我的话，只是说：“那你就拉拉看吧，结果马上就出来了。”

我对这个魔术非常感兴趣，博士正在给我讲解时，谢敏诺夫就冲进来了。

他一边喘着粗气一边说：“这道题目太棒了，必须把它列入竞赛题目中。但是要让参赛者把这个魔术的道理回答出来才行。”

博士笑着问他：“那这其中的道理你弄懂了吗？”

谢敏诺夫点点头说：“是的，博士，我完全懂了……”

解 谢敏诺夫拉了一下线头，线圈并没有向前滚，而是朝完全相反的后面转动了，谢敏诺夫怔了好久，思考了好久，终于恍然大悟：“线轴的半径是 r，轮子的半径是 R。”（图 5-10）

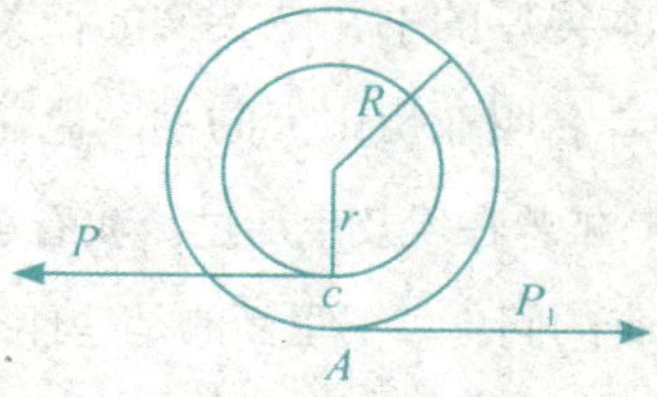

图 5—10

“线轴受到两个力的作用：p 是我们把线端平行向左牵动的力，p_1 是由于摩擦而发生于 A 点的反作用力。这两个力方向相反，但它们却是相等的，力 p 是使线轴作顺时针转动的力，而 p_1 是使线轴作反时针转动的力距。但力 p 作用在较小的半径 r 上，而 p_1 作用在较大的 R 上，所以 p_1 的力距大于 p 的力短，所以线圈当然会反时针转动了，这也就是脚踏车魔术的秘密所在。”

5.13 埃及的僧侣

动脑筋博士是个书蛀虫，他读了很多书，历史、地理、物理等等。他在读一本新书的时候，经常都会想出一些奇妙的好题目来。这让我不能不想起一个关于书蛀虫的古老的故事：书架上放了Ⅰ，Ⅱ，Ⅲ三册厚厚的《伯来姆大辞典》，如图5–11所示。不算前后的硬封面纸，每本书厚7厘米，每张硬的封面或封底各厚0.5厘米。一个书蛀虫想从第Ⅲ册的最后一页蛀到第Ⅰ册的第一页，要挖多长的隧道呢？

解 有三本《伯来姆大辞典》，如图5–11所示，相互紧贴着，因此书蛀虫只需要咬破第Ⅲ册的一个硬封底，咬破第Ⅱ册全部及第Ⅰ册的一个硬封面就行了。那么算起来就是这样的，0.5厘米+0.5厘米+7厘米+0.5厘米+0.5厘米，总共是9厘米。这便是书蛀虫需要蛀的隧道长度了。

图5–11

今天，我们去博士家，他正在读一本很厚的书，是英文的，关于一位学者名叫亚历山大的书。他在公元前100年曾在埃及生活过。我看了看书，好奇的问：“书里面的是些什么图画啊？”

“这是他的伟大发现，那个时候，埃及的僧侣常在自己的寺庙里，为了欺骗老百姓而搞各种把戏。比如，人们到寺庙里对着神像进行祈祷。在祭坛的旁边会设置两个僧人的铜像，只要祭坛上燃起了火，这两个铜像便会自动向火中加油（图5–12）。亚历山大将构造图绘画出来，就是想清晰地告诉我们，为什么当火燃烧起来的时候，液体会沿着隐藏在两个铜像中的管子上升继而倾注到火焰上？”博士低声说，他用手指着图画：“你看，这是寺庙的两扇门，僧人把窗门打开后，就会听见一个看不到的喇叭发出悠远的声音，僧侣们便会告

诉老百姓，那是神的声音，其实喇叭是焊在一个挂在钩子上的器皿的底下，所以一开门，就会听到喇叭响了。”（图 5–13）

要看懂这个构造实在有些难度。博士又给我们看了一个传说中有妖法的庙

图 5–12

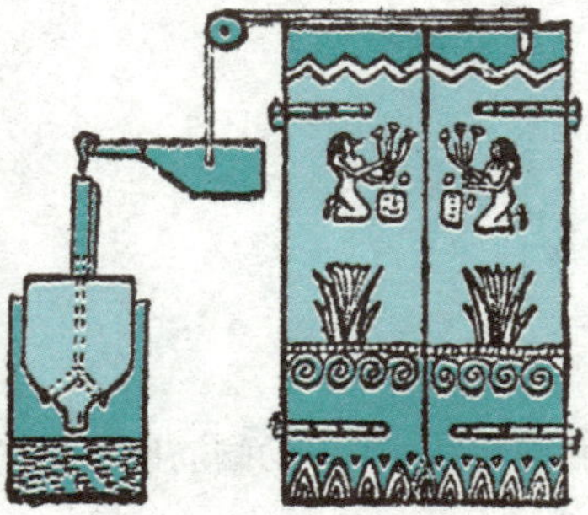

图 5–13

门（图 5–14）。僧侣们点燃贡神的火，这时门会自动打开，火熄灭后，门又会“自己”关上了。

我实在没看懂，图的下面的庙门底下的东西究竟是什么！

“是皮革做的袋子，里面装满了空气！”博士这样告诉我：“袋子是放在地窖里的，通过一根管子和祭坛的边缘相连。你看，这还有个怪物，做得很滑

图 5–14

图 5–15

稽吧？你们能告诉我，这些‘怪物’会动的道理吗？如果回答不上，我就会去学校找你们的物理老师聊一聊了！”（图 5–15）

还好，我和谢敏诺夫没有叫他失望，否则真会很丢人了。我们的答案博士很满意，他微笑地望着我们：“就算埃及僧人再狡猾，也无法欺骗到你们了！”

“那些人是埃及的骗子！”谢敏诺夫大声说。

这里的问题我们就不解释了，如果如此简单的题目还要解释的话，那不就成为我们拒绝接受过的“钥匙”了吗？

5.14 湖

“你们把我骗了！”动脑筋博士生气地找到我们，整个眉毛像打了结似的：“你们答应给我一道逻辑的题目，可是到了今时今日还没有拿出来！现在，你们马上坐下来做些事情吧！把军事游戏中一次就收到了五封报告的那个脚踏车竞赛的题目写出来！”

望着博士，我征求着他的意见：“我可以对它进行一下修改吗？”

“非常好！”博士眼中终于有了笑容：“为什么不行？”

我和谢敏诺夫坐到了椅子上，大概有一刻钟的时间，我们的题目便完成了。

“今天的地理课上，老师讲了关于湖沼的知识，他首先在黑板上画了五个湖，并为它们编了号码，还出了这样一道题目：每个人至少要认出两个湖来，并在本子上写下它的名字和号码。下课时，能够按老师的要求完成作业的却只有五个人，而这五人只认对了一个湖，另一个则是错的。”

“这是彼佳的答案：第二是巴尔喀什湖，第三是多拉加湖。”

“这是科远的答案：第一是贝加尔湖，第二是奥聂加湖。”

“这是玛依卡的答案：第二是巴尔喀什湖，第四是伊塞克湖。”

“这是丹娘的答案：第三是奥聂加湖，第五是贝加尔湖。”

“这是雪丽莎的答案：第四是伊塞克湖，第一拉多加湖。”

现在我们的问题出来了，请您根据这些，写出各个号码代表的湖的名称。

我们的题目得到了博士的赞赏，他很快给少先队真理报打电话，请它们派人来取题目。

解 在解答这个题的时候，我们可以假定第二号是巴尔喀什湖，那么第三号当然不会是拉多加湖，第四号也不是伊塞克湖。如果第四号真的不是伊塞克湖，那么第一号就不应该是贝加尔湖，而是拉多加湖，如此一来，奥聂加湖看上去应该是第二号，但又似乎存在问题，因为我们一开始就假定巴尔喀什湖是第二号了，这时就无法进行下去了，也就是说，我们这次假定的说法是完全错误的，巴尔喀什湖不是第二号。

如果巴尔喀什湖不是第二号，那么拉多加湖应该是第三号，第四号是伊塞克湖，也就是第三号不是奥聂加湖，而第五号是贝加尔湖是正确的了，那么，奥聂加湖是第二号，巴尔喀什湖是第一号了。

经过一番演算，我们终于得出了结论：第一号是巴尔喀什湖，第二号是奥聂加湖，第三号是拉多加湖，第四号是伊塞克湖，第五号是贝加尔湖。

5.15 解开绳结

那是一个悠闲的午后，动脑筋博士在房间里用缓慢的速度，走来走去，似乎在沉思一些愉快的问题，嘴里还轻轻哼着小曲儿。我和谢敏诺夫、艾丽法、蓓达专心致志地下着棋，但是却有一半的心思被博士的曲子吸引过去了，反而不太关注棋局的输赢了。

年轻人与老人一同出行，
从三点一直走到九点；
就算他们曾经走过的路再多再平坦，
当他们来到山脚下，
往山上爬的时候——
我没事，我始终没变，
那不是问题所在啊！

我忍不住问："这是什么歌啊？"

"是一首很古怪的歌！"博士大声地回答我："而且需要你们很好地思考才能解答出来的问题。曾经有一位叫查尔斯·路德维希·道奇森的数学家。他用路易斯·卡罗尔的笔名，给自己侄女写了一本书，书名为《爱丽丝梦游仙境》，这是一本很有名的书，也许你们读过的！"

"我读过！"艾丽法笑得眉毛弯弯："最初爱丽丝跌到兔子洞里，后来变得很大，有一个大烟囱那么高，后来因为一些缘故，变得很小很小，小得能在一滴眼泪中淹死……"

"讲得对极了！"博士说："我看过这个作者所著的另一本名为《混乱的历史》的书，书中每一章称作'绳结'，而不叫章。每一个绳结都需要足够的智慧去解开，方才我所唱的那首歌，就是第一个错乱的结。"

一听又有题目要做，我们都兴奋起来，吵着叫博士给我们读一两段"绳结"。他同意了，拿出了那本书，上面都是英文，但是他却用流利的俄文读给我们听的：

天渐渐暗了，两个步行者正在以每小时 6 里的速度，急促地从山的峭壁向山下走去。年轻的那一个，像一只欢快的羚羊，从一个山岩跳到另一个山岩，风带起了他的发丝，他回头，看到同伴正吃力地行走，他便叹息地说："真是痛苦，还好，我们现在不用像一小时前那么忙了！"

"是啊！我们上山的时候走得太慢了，每小时只走了 3 里！现在好些了！"同伴呻吟似地说。

"你记得真清楚，那么我们在平地的时候，走多快呢？"年轻的问年长的同伴。

"每小时走了 4 里吧！一寸也不多，一分也没有少，刚刚好！"年长的同伴疲倦地回答。

"我们 3 点的时候才从旅馆出来，不知道现在回去能不能赶上吃晚饭，我真的饿坏了。真怕旅店主人不给我们开饭了。”

“这个我倒不奢望了，只要我们别连甜菜也吃不上才好！”年长的担忧地说：“我们应该9点回到旅馆，今天走的路太多了。”

“走了多少呢？”年轻人望着同伴，他永远没有年长者的聪明智慧，只能做到多学多问了。

年长者沉思着，没有回答。

“告诉我。”他一分钟后，才低声地问：“我们几点到山顶的，只要告诉我一个大概的时间就可以，没必要太精确。”

年轻人一下子怔住了，他对数字向来不是很敏感，年长者叹了一口气，说：“以半个小时的精确度就可以，到时我就能告诉你我们在3点到9点之间一共走了多少路。”

年轻人的面部表情僵硬了，沉重的叹息似乎成了给予同伴的唯一回答，而他脸上烦恼苦闷的纠结表情，正表示了他对数学的无奈。

“第一个‘绳结’结束了。”动脑筋博士说：“现在，请你们拿出纸和笔来，将题目记录下来好吗？”

我和谢敏诺夫把题目记录下来：

两个旅行者从下午3点到9点在山上步行，走过平地是每小时4里，上山是每小时3里，下山则是6里，请求出他们走过的全部距离和他们到达山顶的时间，要精确到半小时。

如果这道题目是块诱人的骨头，我们宁可变成小狗，也要津津有味地品尝它所带来的兴趣，我们研究了好久，却一直都没有找到正确的方向。艾丽法和蓓达想帮帮我们，最终都不幸地败下阵来，博士看到我们苦恼的表情，似乎动了恻隐之心，又开始唱那首歌儿：

年轻人与老人一同出行，
从三点一直走到九点；
就算他们曾经走过的路再多再平坦，
当他们来到山脚下，
往山上爬的时候——
我没事，我始终没变，
那不是问题所在啊！

每小时 4 里，他们昂首阔步走在平坦的大路上；
每小时 3 里——他们上了山；从山顶往下走每小时 6 里。
如果要计算上山和下山的路程，
那么他们每小时走了 4 里。

看看太阳落山了——
它们$\frac{2}{3}$的路程都在上山，
$\frac{1}{3}$的路程在下山，
$\frac{2}{3}$的路程行走的速度为每小时 3 里，
$\frac{1}{3}$的路程行走速度是每小时 6 里，——
“哦，我知道了，我终于知道要怎么解开这个结了！”谢敏诺夫大声喊起来。

“等等！”博士轻声阻止了他：“耐心地等一下，让大家也有时间思考这个问题！”

解 走过 1 里的路程在平地需要$\frac{1}{4}$小时，上山需$\frac{1}{3}$小时，下山就只需要$\frac{1}{6}$小时，那么不管要走的路是山地或者是平原，每一里往返各一次，用去的时间均是$\frac{1}{2}$小时，那么，6 小时内他们往返的路程总共是 12 里。

如果，他们去时的路程大多数都是平原的话，那么他们只用 3 小时略多一点的时间；如果同样走 12 里路，且大多数都是上坡路，那么他们要用几乎 4 个小时的时间；而依题意，我们可以计算出他们用了 3 小时半的时间上山，要精确到半个小时，旅行者出发时间是 3 点，那么他们到达到达山顶的时间应该是 6 点半钟。

5.16 算术、代数和动物学

今天动物课的老师生病了，我们便遵守以前约好的规定，全班同学选老师，被选上的“老师”必须跟真老师一样，带领大家上课。而非常幸运的是，大家把我选了出来，我很自豪的坐到了先生的椅子上，装出一副准备点名的样子来：

“茹拉芙科娃，请到黑板前面来。”

茹拉芙科娃是全班年龄最小的一个，但你千万不能因此而小视她，她也是全班最聪明的，打起架比男生还要勇猛。

“你能把题目写到黑板上吗？”

“请原谅！”她礼貌地拒绝了我：“我们现在上的不是数学课，而是动物课。请你注意自己的角色！”

“这就是动物学的题目啊。记得我去动物园参观的时候，看到了斑马、仙鹤、羚羊、独角鱼还有蝴蝶，我数了好久才弄清楚，一共是 34 只脚，14 个翼，9 条尾巴，6 个角和 8 个耳朵——当然，我这里说的是长在外面的耳朵，并不是里面隐藏的耳朵。你能不能告诉我动物园里一共有多少匹斑马、多少只仙鹤、多少只羚羊、多少条独角鱼和多少只蝴蝶呢？”（图 5−16）

“真是一个麻烦的题目，我用几个方程式来算算吧！”茹拉芙科娃说：“假

图 5–16

定斑马的数量用 x 来表示；羚羊用 y 表示；仙鹤用 z；独角鱼用 u；剩下的蝴蝶就用 v。那么我们就可以把方程式写成：$4x+4y+2z+6u=34$。”

“不对，你忘记触角了吧！”有的同学大声抗议起来。

“独角鱼是没有脚的。”茹拉芙科娃低声地说：“现在应该是翼的方程式或是翅膀方程式了，应该是：$2z+4v=14$ 。尾巴的方程式则是：$x+y+z+u=9$。现在轮到角了。”茹拉芙科娃忽然住了嘴，看着我说：“苏尔卡先生，你当然不会把独角鱼认为是有一只角的吧，其实那只是它的门牙，而且还是有两个，其中一个未发育成熟。但是，既然我们都叫她‘独角鱼’，我就当它只有一只角吧，那么它的方程式就应该是：$2y+u=6$ ，最后是耳朵的：$2x+2y=8$ 。”

拉芙科娃工工整整地列出了这5个方程式，其中包含5个未知数，她仔细看了一遍，才说：“苏尔卡先生，我不想用代数来解答这道题，要解这道题只用算术就可以了！”

“当然，请便！”

“我先从耳朵开始吧，你看，这些动物中，只有斑马和羚羊各自有两个耳朵，其他几种动物都没有耳朵，由此可见斑马和羚羊两种动物一共是4只，现在假定只有斑马的数量为 1 匹，那么羚羊的数量就是 3 只，可又是不正确的。”

“为什么？”

“从角的数目就可以看出来了，3 只羚羊的角的数目是 6 只，但题里说羚羊和独角鱼角的数目一共是 6 只角。因此斑马不会只有 1 匹，如果是 2 匹的话，从题目中的耳朵数目来看，羚羊也是两只，因此，羚羊的角一共有 4 只，独角鱼的角两只，也就说明独角鱼有两条。现在来算算尾巴吧：两匹斑马有两条尾巴，两只羚羊有两条尾巴，和两条独角鱼的两条尾巴，再加上仙鹤的尾巴共 9 只，那么仙鹤的数量就是 3 只。目前看来是没有弄错的了！”

我说：“非常好！请继续！”

“如果有 3 只仙鹤，它们的翼就有 6 只。而仙鹤和蝴蝶共有 14 只翼，那么其中有 8 只是蝴蝶的，也就是说一共有 2 只蝴蝶。好了，苏尔卡先生，我已经算出来了。”

我说：“再计算一下脚的数目校对一下吗？”

“斑马的脚 8 只，羚羊的脚 8 只，仙鹤的脚 6 只，蝴蝶的脚 12 只，正好是 34 只。”

“非常棒！”我说：“在算术和动物学上，我都要奖赏你一个‘荣誉徽章’，我第一次遇到一个知道独角鱼有多少角，蝴蝶有多少脚的女生。”

正在这个时候，校长探进头来：“今天真是安静，你们在上什么课呢？”

“上代数课呢！”

“上算术呢！”

“上动物课呢！”

大家争先恐后地说，原本安静的课堂混乱了起来。

脚	$4x+4y+2z+6v=34$
翼	$2z+4v=14$
尾	$x+y+z+u=9$
角	$2y+u=6$
耳	$2x+2y=8$

解　茹拉芙科娃的答案是完全正确的，错的人是我，我被“独角鱼”这个名词

弄糊涂了，我根本不知道独角鱼都只有一枚门牙，而不是角。

5.17 很难承认这点

当我走进谢敏诺夫的房间时，我看到他正蹲在地板上，他的前面一大片水中，有一个水桶，水桶的里面还放着一个更小的桶，他正全神贯注地盯着，认真地把脚踏车的钢珠一个一个放在小桶里。

我大叫着："你在做什么？弄得一地的水！"

"没关系，我穿着水鞋！"谢敏诺夫毫不在意地说，接着，他站起来，摇着头，苦恼地说："一点也不明白，这究竟是怎么回事呢？"

"什么事？"

他问我："你还记得阿基米德原理吗？"

"记得一些，比如：漂浮在水中的物体所排出的水的重量，刚好与浮着的物体的重量相等。"

"你认为这个原理一定是正确的吗？"

"当然！"

"那么，你看看！我往一个大的空水桶里注入一玻璃杯的水，现在我往一个大桶里面放入一个较小的桶，并把钢珠放到小桶里。你瞧瞧，装了钢珠的小桶已经浮上来了，水在两个桶壁间形成了一层极薄的膜，只有小桶的上端露在水的外面。"

"可是，这又怎样呢？"

谢敏诺夫把小桶拿出来，放在我的左手上，然后又将大桶里的水，小心翼翼地倒进玻璃杯中，交给了我的右手，然后郑重地对我说："这是不可否认的事实！一个沉重的水桶浮在水中只排出了不足 200 克的水！"

一个古老的乌克兰游戏或许你们都听过：

“我们同去的吗？”

“是的！”

“是不是找到一件皮袄？”

“是的！”

“又一同去了酒店？”

“去了！”

“有没有喝烧酒？”

“喝了！”

“我是不是特别热？”

“是的！”

“我把皮袄脱了？”

“脱了！”

“然后把它交给了你！”

“是的！”

“那么你把它放在哪儿了？”

“什么？”

“皮袄！”

“皮袄？”

“什么皮袄！我们同去的吗？”

“是的！”

“是不是找到一件皮袄？”

“是的！”……

他们的话一直这样循环地进行着，而我和谢敏诺夫的交谈也有些类似了。

“我们的大桶装的水有多少？”谢敏诺夫问。

“一玻璃杯！”

“有 200 克吗？”

“是的！”

“装着钢珠的小桶是不是更重？”

“是的！”

“应该有 2000 克吧？”

“有的！”

“它在水里面浮着吗？”

“嗯！”

“它不是应该排出和自己重量的数量相等的水吗？”

“是的！”

“就是说要有 2000 克？”

“2000 克！”

“如果没有这么多呢？”

“没有什么？”

“没有 2000 克[①]的水！”

“什么水？”

“什么水！我们的大桶里不是装了很多水吗？大约有多少？”

“是的，200 克？”

“小桶浮在上面吗？”

“是的，浮起来了！”

“那么它排出的水应该是多少？”

“两公升！”

“从什么地方排出？”

“大桶里！”

① 2000 克的水体积为 2 公升。

“那里本来有多少水？”

“200克！”

“那么，这不证明阿基米德说的话是错的吗？”

“为什么？”

“为什么！小桶有没有浮着？”

“是的，浮着呢！”

哦，天啊！我忽然意识到自己要被搅混乱了，我无法说出谢敏诺夫错误在什么地方，但是我知道，他的实验中一定有不当之处，我严肃地看着谢敏诺夫，说：“我们还是去找动脑筋博士吧！或许他能够给你一些帮助！”

谢敏诺夫同意了，我们一起去了博士家里，将整个事情的经过告诉了他，他笑得前仰后合了，只用了两分钟就证实了我们的观点是错的，并证明了阿基米德说的话的正确性，他望着沮丧的谢敏诺夫，微笑着说道：“不要难过，这种情形是最平常、最普通的了，我都不知道遇到了多少次这样的事情了。突然之间就搞不清楚了，会感觉自己什么都不知道了，还希望多多学习，而你越学习却越感觉自己什么都不知道。这个也不明白，那个也不知道，这件事知道得不具体，还需要重新来学习等等情绪上的波动。承认这一点是很令人难过，但是科学就是这样：始终浮沉在科学的海洋，却始终看不到对岸。”

解 谢敏诺夫在整个问题中，将“排出”两个字的意义弄错了，阿基米德原理的意思是这样的：物体浮在水中时有一部分是浸在水中的，这时，水面上则会出现像小坑一样的形状，假如我们将物体从水中取出，依然保留着水面方才所形成的坑，而想把这个“坑”填满，就要另外拿水，那么我们所填入水的重量就和方才浮在水面的物体的重量相等。

如此一来，不管大桶里有多少水，我们都可以肯定地说：当你往大桶中放入小桶时，两个桶壁之间的水会立刻升高，从而出现一个很大的“坑”，而填满所用的水的重量与你放入小桶连同钢球的全部重量是相等的。这就阿基米德的原理。

5.18 又一个阿基米德原理

“就在不久以前，有一件极其简单的事情把我给弄糊涂了！现在告诉你们还会感到不好意思！”动脑筋博士谦逊地对我们说：“一个学生到我这里做实验，他将全部的‘道具’都放在了这里，我们何不再做一次，来了解是什么样子的事情呢？”

博士从柜子中取出一个大得像鱼缸一样的玻璃容器。

“看到了吗？这个容器上面画着以厘米为单位的刻度，你们现在要记牢的是，这个容器的每一度的水就是一升！”

他将水倒进去，在10厘米的地方停下，然后又拿来一个小的圆柱形的刻着刻度的玻璃筒（图5−17）。

“玻璃筒每一度的容积是半升，现在大容器上显示的是10度，我要将玻璃筒放进去大容器中，使小容器的刻度4正好到达大容器的刻度10上，如此一来，玻璃筒的下端边缘就在大容器的刻度6上了，那么你们知道不知道，4厘米的玻璃筒排出的水的体积是多少？”

“两升！”谢敏诺夫想了想，大声回答到。

“我告诉我的学生的也是这个答案，可是他却摇头告诉我‘这两升的水会怎么样？如果是在玻璃筒的上端露出水面的部分是完全浸在水中的，那么这两升水升到的位置就是12厘

图 5−17

米处，可玻璃筒上端还有一段，刻度 10 到 12 中间的空间的一半都被它占去了，所以可以证明，那里能容下的水量只有一升，那么另一升的水到哪里去了呢？’。”博士转向了我：“苏尔卡，你会怎样来回答，第二升水怎么了？”

“它将会更上升。”我说。

“升到哪里？”

“如果没有玻璃筒，会升到刻度 13。”

“有玻璃筒的情况下呢？”

“我们知道，在刻度‘12’到‘13’之间只能容下半升的水，另一半的水就会更上升到刻度度 13.5。这是没有玻璃筒的说法。”

“如果有玻璃筒呢？谢敏诺夫，你来说说看！”

谢敏诺夫僵硬着，不断地眨动着眼睛，显然被这个问题弄得头晕了：“有玻璃筒的话……，我想……有的话，水会始终上升！最初是两厘米，然后，然后是一厘米，再接下来是半厘米，再者就该是$\frac{1}{4}$厘米，然后是 $\frac{1}{8}$，$\frac{1}{16}$，$\frac{1}{32}$ ……这样发展的话，恐怕永无休止。”

“你呢？苏尔卡，你是怎么看的呢？”博士转过头来，面向着我。

我用心仔细算了一下，我发现谢敏诺夫的答案是正确的。

“水会不断上升，一直升到容器的边缘，一直流到外面，直到这时才会停止下来。”

“知道吗？孩子们，我的那个学生犯的错误和你们一样！”博士轻声地说：“我也必须承认，整整半个小时，我都没有找出他的错误来，直到今天我都不好意思提起这件事。”

解 我们在做这个实验的时候，玻璃容器里的水只升到了刻度 14。

博士说：“那是错的！你们不要认为水会始终上升。$12+1+\frac{1}{2}+\frac{1}{4}+\frac{1}{8}+\frac{1}{16}+\frac{1}{32}$……，这样加起来的和永远不可能大于 14，在这种情形下，数学家会清楚地告诉你，那些无穷无尽的加数的和等于 14。”

"怎么会是'等于'呢？"谢敏诺夫不懂了："不管我们用多少个加数相加，他们的和不是总小于 14 的吗？"

"没错！不过由于我们可以无限地加上新的加数，那么这些加数的和跟 14 之间的差数就会越来越小，小到可以忽略不计，然而到了那个时候，我们还可以继续减少差数，同样也是无穷无尽的。"

5.19 "太妙了！真是巧妙！"

我看得出来，最近动脑筋博士有些烦躁，感觉到自己的知识的不够，我想大概是那本"绳结"的书使他太伤脑筋了，于是有一天，我把那本书偷偷藏到了《百科大辞典》中间，不想他继续增加伤感。可是出乎我的意料之外，博士的情绪还是那么坏，一天到晚，找些最坏的名字来称呼自己。我们实在不忍心，几乎用了强硬的方法将他拖出来，到外面去散散步。

我们经过了一个很大的建筑物，在一个栅栏里面堆着很多四边形木板，它们的形状大小完全相同，不是长方形，也不是正方形。两个工人正在忙碌的将它们向载重汽车上装运着。博士是一个对平常东西都很感兴趣的人，这次当然也不会错过，这不，在我们还没反应过来的时候，他已经走上前去，取了一块木板："多好的木料啊！"

"当然，只可惜，这样好的木料只能拿去当柴烧了！"一个工人点点头表示赞同。

"为什么不拿去做材料呢？"

另一个工人听了博士的话笑着说："这样怪异的四边形怎么还能做成别的东西呢！"

"但它们的形状相同，大小也相同啊！"

"那又怎样？"

图 5—18

“这就要我们好好思考一下了！”博士说。

雪已经开始融化，太阳试图带着春天般的温暖走近我们，但是冷意依然存在着，博士带我们去了办公室。这是一个非常拥挤的房间，三个打字员认真地敲打着键盘，几个会计打着算盘，忙着算账，看到我们进来，他们都投来惊奇的目光，这让我和谢敏诺夫感到有些不自然，博士却丝毫不在意，他取来记事本和铅笔，找了一张空桌子坐了下来，给我们出了今天的题目：“我们尝试着证明一下，形状相同的四边形状的木板，都可以用来拼成地板。”

他在记事本的纸上画上了很多画图和字母，不到5分钟，博士就跳了起来，宛如一个兴奋的孩子叫喊着：“太好了，请问，你们的建筑部主任在哪儿？”一个工人指了一扇没有上漆的三合板做的门，示意我们那就是主任的办公室，博士想都没想，大踏步地走了进去，一个胖胖的人惊讶的望着我们：“有什么见教吗？”

博士告诉他，那些丢弃在院子里的废木板能用来制作地板，地板的面积多大都可以用它们来铺装，只不过需要在墙角板处加宽一些，以便掩盖它们突出出来的尖端。主任对这个意见感兴趣极了，马上命人停止将木料运去烧火，并握着博士的手，激动地说：“我们实在太感谢您了，您的建议使我们节省了很多优良的材料和资源。太妙了，实在是巧妙极了，您真不亏是学者啊！”

那一天，博士的情绪很高，他的烦恼似乎一下子被清扫干净了，走在马路上，似乎都想跳起舞来，他用两个手指打着节拍，嘴里不断地重复着主任的话：“太妙了！实在是巧妙极了！”

当然，一路上他给我们出了很多题目，花样之多简直可以汇编成集。

解 “能不能将你在办公室所画的图给我们看看？”我们向博士请求着。

“当然可以！很愿意为您服务！”他一边说一边指给我们：“这是第一图！”

博士在一张纸上画着一个小图，另一页画了两个，又叉掉了其中一个图（图 5—19）。

“为什么要把这个叉掉呢？”

“你们马上就知道了！”博士说：“我找出Ⅰ、Ⅱ两个四边形相同的一边，

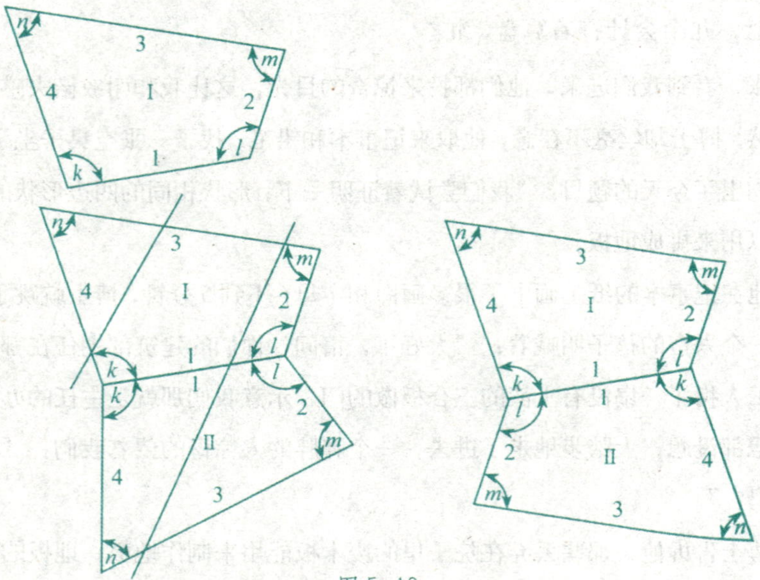

图 5—19

然后把它们拼到一起。本来这能用两种方法完成，可是我却马上意识到第一种方法用在这里不合适，所以我采取了第二种。”他抬头望着我们：“你们能明白两种拼法的不同之处吗？”

“我明白！”我迅速接口：“您叉掉的那种，两个四边形仿佛在镜子中对照着一样：与 k 相邻的还是 k 角，与 l 角相邻的也是 l 角，而另一个呢，你巧妙地将四边形调转过来，这样 k 角和 l 角就是相邻的了。”

“对极了！”博士赞许地点头：“现在再来弄第 3 个四边形吧！这也是非常简单的：Ⅲ和Ⅱ两形之间也应该有一个相同的边，那么我们就假定它为

边2(图5–20)。我们还可以用两种方法将第三个四边形和第二个安放在一起！”

博士又翻了一页，上面的一个图被叉掉了。

谢敏诺夫说：“您又要把不相同的角放在一起吧？”

“没错！你们真的都很聪明！”博士微笑着说：“你们心里一定会在想：‘我是没事找事，硬把四边形翻来翻去的’，但是你们马上就会明白了。现在，在三个四边形相交的一点上，有着 *k*、*l*、*m* 三个角（图 5–21）。在板Ⅲ的线 3 与板Ⅰ的线 4 之间，不知道你们注意了没有，还有一个空余的角度位置，我应该把板Ⅳ放在上面(图 5–22）。那么它的 3 与 4 当然与板Ⅲ和板Ⅰ的 3、4 两边相同。可是我们的问题不是这个，而是在于Ⅳ的 3、4 两边间的 *n* 角，与我们所空余的角度是否相吻合。苏尔卡，你说，它们会吻合吗？”

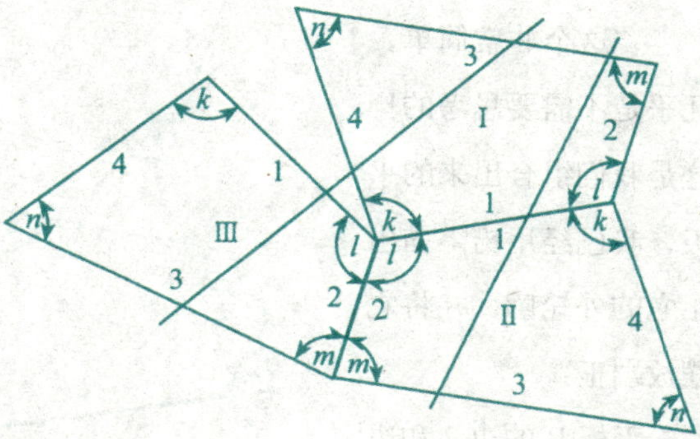

图 5–20

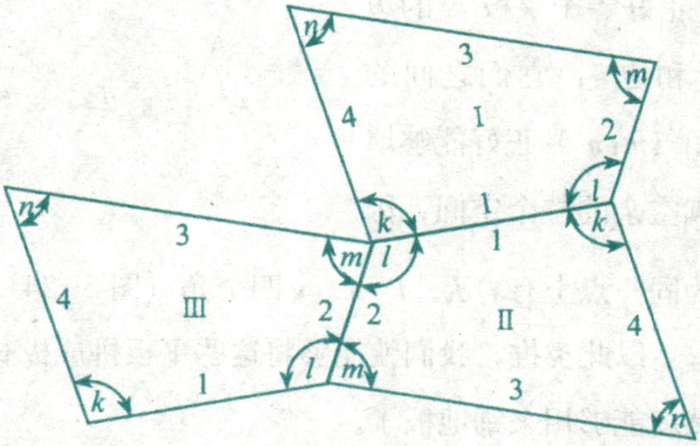

图 5–21

“当然会！”我说：“任何四边形各个角的和等于四个直角之和，我们现在已经在会聚点上有了 *k*、*l*、*m* 三角，就只差一个角来凑足四个直角之和了，那么这个空余的角当然就是 *n* 角了。”

“没错！”博士点头：“这样一来，我们就将四块四边形拼成了平板（图 5–23）！”

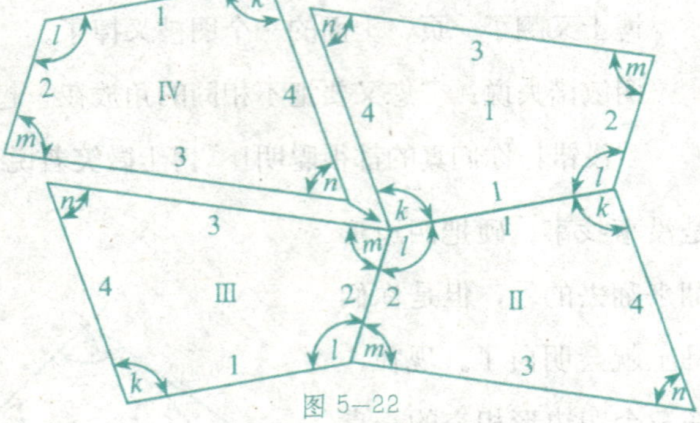

图 5–22

“现在我们需要设法证明的就是四块板合成平快以后也能互相拼拢。”

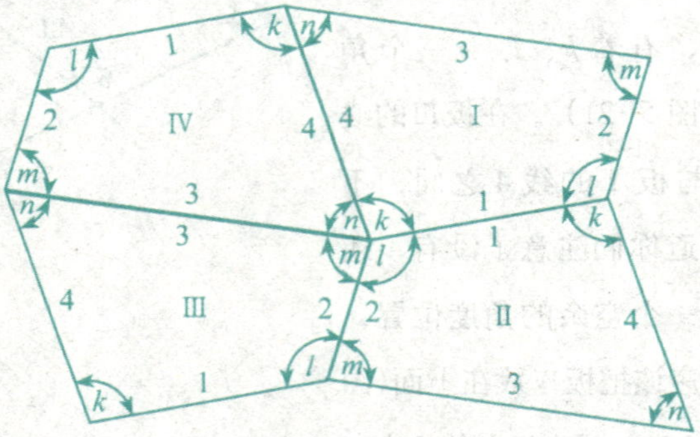

图 5–23

“这个非常简单，几乎是不需要思考的！这是我们组合出来的平板，我已经用铅笔描出了它的外轮廓，并将它摆放端正：

平板 B 的边 2 和边 4 正好等于平板 A 的边 2 和边 4；它们之间的角（$m+n$）正好能够填满空余的整个空间，因为同一点上有着 k、l、m、n 四个角（图 5–24）。”

以此类推，我们就能够将这些平板拼成极长的板带了，这些废弃的木板当然就能够用来铺地板了。

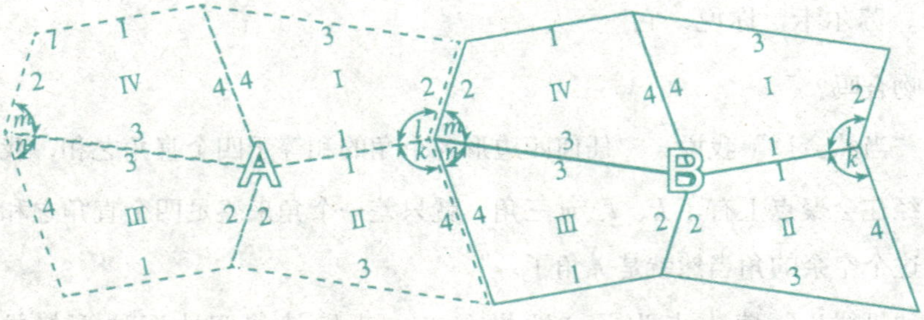

图 24

博士注视着我们，轻轻地问：“现在你们应该明白，为什么那个叉掉的方法不合用，我需要用第二种方法来重新排列这些木板了吗？”

“因为要四块拼起来的中心点上集聚所有四个角。”谢敏诺夫微笑的说出所有人都懂得的道理。

5.20 办公室到家的路上

现在叫我回想，我已经没有办法记全从办公室到家的这条路上，动脑筋博士究竟给我们出了多少道题目，用最保守的数字来说，起码有 20 道。我们还在堆满木板的院子走过时，他就拿起地上的一块砖头，问我们：“砖头重一斤又半块砖。问砖重多少？”

后来对面走过来一个石匠，个子很高，远远地看过去，像一段电线杆子一样。

“哦！这个人个子真高啊！怪不得人们都说‘一个半伊万’，他小时候是不是吃竹竿长大的？”博士去喊那个石匠：“朋友请等一下，如果叫你徒步绕地球走一周，你的头要比你的脚多走多少路你知道吗？”

“应该多了！”那个人好脾气地笑着：“你能算出到底是多少吗？”

“当然！请问你准确的身高是多少？”

“光脚的话，正好两米！”

“很好！我马上就可以算！”

那时我们正好从一栋很高的楼房走过，博士昂着头，望了下：“这房子里面住着两位工程师，而幸运的是，他们都是我的学生：彼得罗夫住在六楼，库洛奇金住在三楼。”他忽然回头看着我问：“你知道彼得罗夫住的比库洛奇金高几倍吗？要知道这幢房子是没有电梯的，一次偶然的机会，我数了一下，到彼得罗夫的房间需要上 100 级楼梯。那么到库洛奇金又需要走多少级楼梯呢？”

他并没有等待我们的回答，而是继续大踏步地在前面带路，走了一阵子，博士又指着身边的建筑说："这里也有我的学生，一个叫索巴奇克，一个叫哥什克，哥什克住在四楼，而索巴奇克的所在位置要比他足足高了一倍。"

"那是多少层呢？"谢敏诺夫问。

"你可以请苏尔卡告诉你！"

我们把不需要太动脑筋，在路上就能立刻等找到答案的问题，都被我们称为"行军式"，而谢敏诺夫对付它们是很有办法的，不像我，总是会弄错！所以我还是识相地闭紧嘴巴，快步走，还有两步就到家的时候，博士忽然掏出表来："你的表几点了？谢敏诺夫？"

"差6秒4点！"

"真糟糕，我的表现在已经是4点4秒了。"博士懊恼地说："今天正午12点放汽笛的时候，我校对好的，现在还是快了，而且是以每个小时快一秒的速度行进的，叫人生气的同时也觉得有些趣味。你们说我的表什么时候才能跟谢敏诺夫指在相同的时间上呢？下一次同时指在正确的时间又会是什么时候呢？"

他一面思考着，一面缓缓走上了楼梯，连每日必须进行的告别都忘了，我和谢敏诺夫望着他的背影，有些发怔，最后谢敏诺夫说："我看，动脑筋博士的病好了！"

"的确！完全好了！"

解 一个半伊万

我们所要算的是两个圆周长的差，那么我们用 A 表示石匠的身长，用 d 表示他用脚绕行地球一周走路时的直径。这样，他的头部所画的圆周的直径就应该是 $d+A+A+=d+2A$ 了。

那么他头部所画出来的圆周长将是：

$$\pi(d+2A)，或\ \pi d+2\pi A$$

他的脚所画的圆周长便是：

$$\pi d$$

现在对这两个结果做减法。结果两个圆周长之差是 $2\pi A$。

而我们都知道 $A=2$ 米！

换而言之，这个高个子如果步行地球一周的话，他的头要比脚多走 4π 米的路程，那么就是 12.5666 米，也就是 12 米 56 厘米 6 毫米的路程了。这是不是准确得像用药剂量那样呢！

更有趣的还在后面呢。地球的直径没有对这个问题起到丝毫作用，不管这个高个子绕月球一周，还是绕苹果、足球，最终的结果还是一样，他的脚要比他的头少走 12 米 56 厘米 6 毫米的路。

解 这房子里面住了两个工程师

我们都知道彼得罗夫住处比库洛奇金的高，但是高出并不是一倍，而是一倍半，所以到库洛奇金的房间并不需要走 50 级楼梯，只需要走 40 级楼梯即可（图 25）。

解 这些糟糕的表

博士的表真的很糟糕，我们只能从第一次对表的时间开始，到下一次两只表指向相同的时间，用 x 表示这中间所需要经过的钟点数，而若想叫我和博士两个人的表指出同样的时间，那么我和博士的表的秒针走时要相差 12 小时，也就是 43200 秒的差误。

博士的表在 x 小时内将要快出 x 秒，我的表便要慢 $\frac{3}{2}x$ 秒。

所以：x 秒 $+\frac{3}{2}x$ 秒 $=43200$ 秒。

故：$x=17280$ 小时，或者是 720 个昼夜。

因此，我和博士的表只有在我的表走慢了 12 小时，或者他的表走快了 12 小时的情

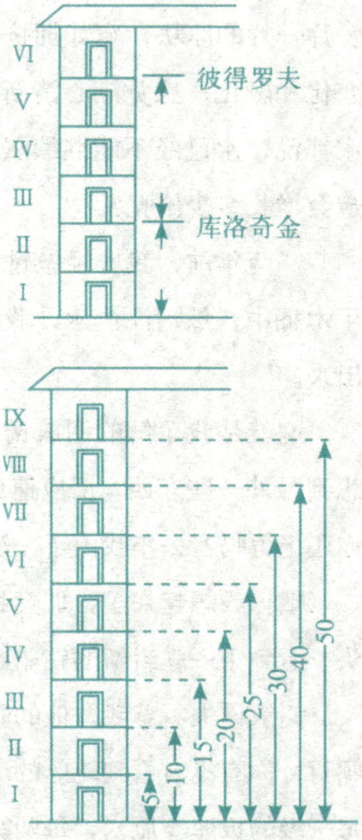

图 5—25

形下，才能同时指出准确的时间。博士的表要在 43200 小时后，也就是 1800 个昼夜之后，才能跑快 12 个小时，至于我的呢，需要 43200 的$\frac{2}{3}$小时，就是 1200 昼夜以后，才能走慢 12 小时。

现在，这个问题是不是变得很容易了，我们的表要经过 3600 昼夜之后，才能同时指出准确的时间，只是有些漫长，几乎要等 10 年的时间了。

5.21 春天的到来

我很喜欢春天，总会在这个季节约几个伙伴在河边的大树下谈话。眼前是一片一片的冰块，宛如拥挤的河马，顺流缓缓而下，我们从桥上望着它们的变化和融化，感觉满心清新。而就在这时一个大孩子忽然开口说话了："大家都说，水已经不能继续涨了，其实等到所有的冰都融化了的时候，水不知道会增长多少倍呢？"

"两年前，我曾经做过这样的试验！"谢敏诺夫说："我将一块冰放在了木桶中，然后注满水，我以为等冰块溶解后，桶里的水就自然而然地溢泄出来。"

这就是我了解的谢敏诺夫，只要你提起某个有趣的问题，他就会很快地想到另外一些东西，反应速度极快。所以我现在又听到他在说了："苏尔卡，你还记得吗？去年我出了一道'梯子'的题目，令你动了不少的脑筋。"

哦！我想起来了，那真是一个有趣的问题。去年我和谢敏诺夫走到轮船码头，看到了一艘崭新的轮船摩尔曼斯克号。我们认真看了好一会，才走开的。

谢敏诺夫看着我，他的眼睛忽然闪亮起来，大声喊道："我又想出了一道题目，你有没有看到轮船的旁边挂着一架梯子，有四级都浸泡在水里。梯子的每一级的板厚 5 厘米，每两级之间的距离是 25 厘米，而潮水以每小时 40 厘米的速度涨起来，现在我的问题就出来了：两个小时候，会有多少级浸到了水里？"

"这个题目应该不是很难，但是在解答之前，我必须准确地知道，梯子究竟有多少部分已经浸泡在水里了，是四级呢？还是第四和第五级之间呢？"

"第四级，一丝一毫都不会差！"

"潮水是不断上涨的吗？"

"当然！"

解 我望着冰块，脑子里飞快运转着，想以最快的速度算出这道题来，但是时间一分一秒地过去了，我还是没有结论，谢敏诺夫开始不耐烦了，他大声的说："算了吧！你一定不会算出来了，那么我就告诉你吧！潮水来的时候，轮船也会随之涨高，因而梯子也跟随着一起升起来了，你现在懂得了吗？我是骗你的了！"

5.22 "马乌龟"与"乌龟马"

因为今年我们并没有参加少年夏令营，所以便和谢敏诺夫去了奥卡，他的叔叔就住在那里。那里有一条美丽的河，但是对于已经习惯在海里游泳的我来说，实在对在河水中提不起任何兴趣来，可是偶尔的一次，我便发现了一个有趣的问题，那就是在海水中游戏，我们可以张开眼睛，可是地点换成河水后，这种本能也消失了，河水仿佛"吃"进眼睛似的，很不舒服！叔叔告诉我，这是因为海水是咸的，而河水却没有咸味。

慢慢地，我也习惯了，每一天都会去游泳、钓鱼、晒太阳。我们仿佛生活在世外桃源，渐渐地将动脑筋博士以及他的两个乖巧可爱的孙女都忘记了，可是，今天发生了一件事情，我坐到了书桌前，开始动笔给他们写信，我忽然感觉到，人真是个很奇怪的动物，以为已经放开了，但不经意的时候思绪又会拥满你的心头，忘也忘不掉。后来我发现谢敏诺夫跟我一样，也在给博士写信，所以我们约定，写好后一起寄出去。可是谢敏诺夫忽然收起了自己的纸笔，对我狡猾地微笑，我知道这家伙又要偷懒了，看来信必须要共同完成了，而执笔的人却是我！

“敬爱的动脑筋博士！”我写着。

“千万不要忘了艾丽法和蓓达！”谢敏诺夫提醒我，我也加上了她们的名字：“今天，我们去辛尼奇金玩过，从这里的雪尔诺格到辛尼奇金并不很远，更庆幸的是我们碰到了一个老头儿，坐了他的马车去，他的马大概有1000岁了，走起路来和乌龟一样慢。谢敏诺夫便开玩笑地说，我们发现了历史上没有记述过的新的动物，叫‘马乌龟’。它的步伐永远都不会变，按照着均等的速度前进着。走了好一会儿，谢敏诺夫实在忍不住看了手表，那时候我们已经走了20分钟了，他便问‘老伯伯，我们走了很远了吧！’那个老头摇了摇头，说‘刚刚走了由这里到美逊莱的一半路’，他就住在那里，所以我们没有停留，只喝了一杯牛奶便开始赶路了。又走了5公里，我又问老伯伯，还有多远的路程才能到辛尼奇金，他的回答竟然跟刚才的一模一样。”

“又走了一个小时，我们的‘马乌龟’（这是谢敏诺夫刚给取的名字）终于把我们送到了辛尼奇金，我们便决定将这次旅行的经过写信给你，请你将这个题目送给艾丽法和蓓达来解答，我们所要问的很简单，那就是从辛尼奇金到雪尔诺格总共有多少路？”

解 没多久，艾丽法和蓓达便回信了：

“走了20分钟后，老伯便告诉你们，已经走到了美逊莱，是离所剩的路程的一半，那么，由雪尔诺格到美逊莱，你们已经走了一个小时了。”

“由美逊莱走出5公里后，剩下的路是由美逊莱到辛尼奇金的$\frac{1}{3}$路。而你们到辛尼奇金需要的时间正好是一个小时，也就是说，由美逊莱到辛尼奇金的全程，你们所需要的时间是3个小时，而整个由雪尔诺格到辛尼奇金的旅行，你们花费的时间总共是4个小时。”

“那么既然你们在美逊莱到辛尼奇金的路程的$\frac{1}{3}$你们便用了1个小时，那么另外$\frac{2}{3}$路程或是5公里的路程，你们坐着那只可爱的‘乌龟车’走了两个小时，所以在 4 个小时的时间里，你们总共走了 10 公里，这段路程就是从雪而诺夫到辛尼奇金的全程了。这个题真的不是很难，但是你们的耐心却叫我们感觉到惊奇，要是我们，早就下车，走路去了。”

读完了信，我和谢敏诺夫都微笑着，他轻轻感叹到：“如果是步行的话，她们永远不会认识那个‘新动物’”。

5.23 令人失望的信

谢敏诺夫边喊边大踏步地跑进来：“真是令人失望的信！艾丽法和蓓达寄来的答案是正确了，但是博士又开始发神经了！”

“怎么回事？”

“你看看，不知道那里出了问题，他居然认为自己是一个不学无术的人，而且非常坚决地决定要回到学校去，甚至打算从幼儿园开始上学！”

我有些惊愕，从谢敏诺夫的手里接过信。

“我亲爱的朋友！”博士在信中是这样写的：“艾丽法和蓓达都很优秀，这一点相信你们从她们的答案中便可以看出来。谢敏诺夫留给我养着的小猫，也实在太幸运了，在这里，有足够多的老鼠做它的餐点。莫斯科的夏天真是一种折磨，又干燥又闷热，我只能用湿毛巾搭在头上，简直和家庭主妇没什么区别，想用水的蒸发来达到降温的效果，可是当我的脑子越来越清醒的时候，我感到自己什么都不懂，到现在已经 80 岁了，我把我的 60 年时间都贡献给了科学，却落得这样的下场，想想真是心酸！”

“昨天，又有一个机会清清楚楚地证明了，我的脑子是多么笨，艾丽法和蓓达取了两个大小相同的玻璃杯，其中一个装着蓝墨水，另一个则是非常清澈的水。她们是这样跟我说的：

“两个杯子里的液体量完全相同的，从蓝墨水的杯子里取出一滴墨水滴进另一个清水杯子中，再从清水杯子取一滴清水倒进墨水杯子里，这时，两个杯子的液体量仍然是完全相同的，然后她们便问我了：水中的墨水多些还是墨水中的清水多些？（图 5–26）”

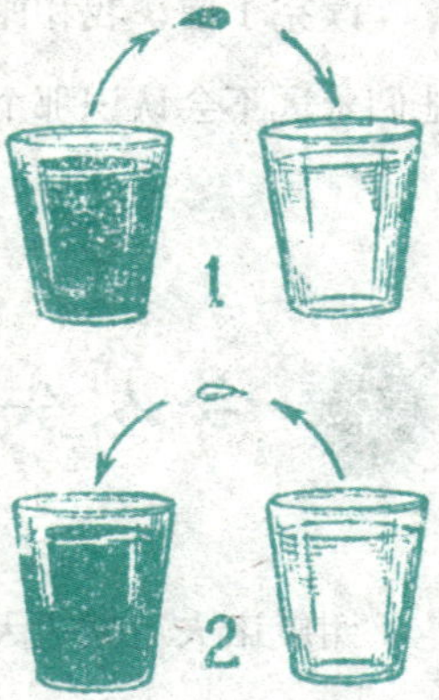
图 5–26

可是你们相信吗？我居然连这样简单的问题都回答不出来，这道题的确可以用数学立刻计算出来，可是她们说解答这道题根本用不到数学，要用逻辑方法解答，我却一点头绪都没有，可能是因为天气太闷热了吧！我往手帕上倒点香水，试图增加一丝凉意，但是还是不行，香水的气味却把我刺激得头脑发晕了。

所以，现在我决定了，我要回到小学念书去，而且这件事越快越好，在此之前，请你们再给我寄来一个比较困难的题目好吗？我想再做一次最后的尝试。”

解 下面的是，我们替那个可怜的博士寄去的答案，希望他能开心一点。

这道题，我们依旧可以用假定的方法来解决，我们假定一个杯子中有100ml 的蓝墨水，另一杯中有着同等量的清水。再假定我们从第一个杯中取出 10ml 的墨水，这样会比那不定量的‘水滴’更容易计算，我们将它注入了第二个杯子中。

第一次移注之后，第一杯中的墨水量为 90ml，第二杯则有 100ml 清水+10ml 的墨水。

现在我们在从清水杯中取出 10ml 的混合液注入墨水杯中，这 10ml 混合液中总共含有$\frac{100}{11}$ ml 的水和$\frac{10}{11}$ ml 的墨水。那么一次推算，我们便可以知道第一杯中内将为：90ml 墨水＋$\frac{10}{11}$ ml 墨水和$\frac{100}{11}$ ml 水，或者是 $90\frac{10}{11}$ ml 墨水和 $9\frac{1}{11}$ ml 水。第二杯中则是：100ml 水－$\frac{100}{11}$ ml 和 10ml 墨水－$\frac{10}{11}$ ml 墨水，还可以是 $90\frac{10}{11}$ ml 水和 $9\frac{1}{11}$ ml 墨水。

由此看来，两杯混合液体是等量的。

下面的则是艾丽法和蓓达的答案：

其实，你们知道吗？这个题目根本就不需要计算的，随便多少次的互相倾注之后，它们里面的液面仍是相同的。虽然在墨水杯中墨水的数量是减少了，但这部分被替换成了水。这些水正是清水杯中取来的，由于两杯的水量和从前相等，所以说从清水杯中取走的水被墨水代替了，一部分墨水，一部分清水，不管它们怎么改变位置，它们的数量永远是相等的。

5.24 箭靶

看过博士的信后，想象着博士的样子，此时此刻，他应该还在莫斯科的住宅里，可怜地将一块湿毛巾盖在脸上，穿着一条薄薄的衬裤，在他那巨大的圆椅子中，无病呻吟般地坐着，这有点像《大人国游记》中的搞怪图画。我和谢敏诺夫每每想到此景，都会笑很久。

但是，一想到要给他出题目，我们就有点为难了，毕竟现在的他，备受伤害，所以犹豫了好久，我们决定给他寄一个比较容易的题目。

“就那个箭靶的故事好不好？”（图 5–27）谢敏诺夫提醒我。

这让我恍然大悟，想起了那天和几个孩子练习射靶的游戏。随后我们速度画出许多种射箭的靶。我和谢敏诺夫各选了一个箭靶，我在我的箭靶上附上了纸条：

“孩子们请我参加射箭比赛，

图 5–27

可是等我到那儿的时候他们的比赛已经结束了，每个人射了 6 发，胜利者是维佳了，他似乎永远比丹娘和谢敏诺夫射得准，维佳总共射中了 120 分，丹娘是 110 分，而谢敏诺夫是第三名，只有 100 分。

我望着他们，问："你们射中了什么地方？"

另外两个人正要告诉我，谢敏诺夫却阻止了他们："你可以猜猜啊，我只能告诉你我们所有射出去的箭都射中了靶，箭无虚发，而且射中红心的只有一支箭，那可是能得 40 分的。"

"天啊！只告诉我这些叫我怎么猜得出呢？"

"你好好研究一下那个箭靶，再仔细数数就知道了啊！"

如果莫斯科的天气不再那样闷热，那么就请博士来替我来猜猜看吧！

谢敏诺夫寄给了博士另外一个箭靶，题目也比较容易："5 个人把箭射向这个箭靶。每人得 100 分。我们 5 个人射中的地方都不同，你能不能猜出，每个人射中箭靶的地方？"

我们把两个箭靶放进一个非常大的信封里，寄给了博士。

解 第一靶（图 5–28）

其实这个问题真的不是很困难，谢敏诺夫所射中的 100 分是这样子得来的：4 次射中 17 分，2 次射中 16 分。丹娘射中 110 分是这样的：2 次射中 23 分，4 次 16 分。维佳射中的 120 分是这样的：一次射中了 40 分，5 次 16 分。

要得到 120 分，有很多种可能，可是已知谢敏诺夫和丹娘都没有射中靶心，就是没有得到 40 分，那么唯一的可能就是：这一箭是维佳射中的，否则他们

图 5–28

的总分就不对了。

第二靶（图 5–28）

一、2 次射中 12 分，2 次射中 14 分，1 次射中 48 分。

二、1 次射中 12 分，1 次射中 32 分，4 次射中 14 分。

三、2 次射中 14 分，4 次射中 18 分。

四、2 次射中 32 分，3 次射中 12 分。

五、射中 32 分、14 分、18 分的各一次，3 次射中 12 分。